海洋传奇
HAIYANG CHUANQI

极地风云

主　编： 陶红亮

编　委： 郝言言　苏文涛　薛英祥　金彩红　唐文俊
王春晓　史　霞　马牧晨　邵　莹　李　青
赵　艳　唐正兵　张绿竹　赵焕霞　王　璇
李　伟　谭英锡　刘　毅　刘新建　赖吉平

海洋出版社

2017年·北京

图书在版编目(CIP)数据

极地风云/陶红亮主编. —北京：海洋出版社，2017.2

（海洋传奇）

ISBN 978-7-5027-9631-0

Ⅰ.①极… Ⅱ.①陶… Ⅲ.①极地－普及读物 Ⅳ.①P941.6-49

中国版本图书馆CIP数据核字（2016）第283615号

海洋传奇

极地风云

总 策 划：刘 斌

责任编辑：刘 斌

责任校对：肖新民

责任印制：赵麟苏

排　　版：申 彪

出版发行：海洋出版社

地　　址：北京市海淀区大慧寺路8号 (716房间)
100081

经　　销：新华书店

技术支持：(010) 62100055

发 行 部：(010) 62174379 (传真) (010) 62132549
(010) 68038093 (邮购) (010) 62100077

网　　址：www.oceanpress.com.cn

承　　印：北京画中画印刷有限公司

版　　次：2017年2月第1版
2017年2月第1次印刷

开　　本：787mm × 1092mm　1/16

印　　张：13

字　　数：312千字

印　　数：1～5000册

定　　价：39.00元

前 言

在16世纪，希腊著名的地理学家托勒密提出了一个大胆的假设。他认为，根据球形的对等性，在地球的南方应该有一块大陆，为了保持地球的平衡，相应的，地球的北方应该还有一片海洋。

托勒密大胆的假想，引起了全世界的关注。在16世纪中叶，地图学家麦卡根据托勒密的假想，重新绘制了一幅世界地图，并在地球的南方画出了一块陆地，给它取名为“南方大陆”。

自此人类对“南方大陆”满怀憧憬，人们相信，这块未知大陆一定是片花香鸟语、四季如春的人间乐土。为了寻找这个人们幻想的极乐世界，各国探险家、航海家不惜冒着生命危险，历经千难万险，前赴地球的最南端点，找寻传说中的极乐世界。

18世纪中叶，英国的皇家海军军官库克船长曾三次航海太平洋，寻找传说中的“南方大陆”。库克船长在三次航海探险中，发现了贫穷湾、夏洛特皇后湾、鲰鱼湾（后来改名植物湾），但令人遗憾的是，他始终没有发现南方大陆的踪迹，甚至一度认为世界根本不存在南方大陆。

库克船长在最后一次航海回程的途中，遭遇了土著人的攻击，不幸牺牲。不过，他永不言败、无所畏惧的精神，流传千古。虽然库克船长没有发现南极大陆，不过他的手下们为他完成了遗志，历经千辛万苦，最终抵达白令海峡，进入北冰洋后，绕过好望角回到了英国。

在18世纪下半叶，俄国的海军上将别林斯高晋，首次完成了环绕南极大陆航行的重任。尽管他没有到达南极大陆，但是他在南大洋海域的小岛发现了成群的海鸟，成为第一个接近南极大陆的人。

自此以后，揭开这块大陆的神秘面纱，成为了各国探险家、航海家最大的梦想。

20世纪初，挪威海航家阿蒙森和英国探险家斯科特先后到达南极大陆，并登上南极点，完成了人类首次对南极的探索。

他们证实了在遥远的地球南方，确实存在一块广阔的陆地。不过，令人遗憾的是，这块大陆常年被冰雪覆盖，地面上冻结了千米冰层。除此之外，它的气候环境也极其恶劣，那里每年要经历长达数月的严冬，遭受狂风暴雪的侵袭。尽管那里有着一片广袤、开阔的平原，但根本不适合人类居住。

在抵达南极点后，英国的探险家斯科特在返回途中，遭受了严重的暴风雪，最后斯科特和他的队员们在饥寒交迫的困境下，勇于直面惨淡的人生，勇敢地接受了死亡。在斯科特的死讯传到英国时，英国举国上下沉浸在一片悲痛之中，英国人民为失去这位为探险南极事业做出伟大功绩的探险家悲痛不已。尽管斯科特最后遭遇了失败，但他依然被世人称为失败的英雄。

随着科学的进步，人们已经不再停滞于“英雄时代”，进入“科学时代”。科学家们研发出先进的航海设备，前往极地探索已不再是难事。甚至，南极和北极已有游客的身影。游客们身处这片广袤的冰雪大陆，在这里欣赏极光的美景，迷幻的日晕，领略极昼和极夜的神奇风采，感受极地的独特风情。

目 录

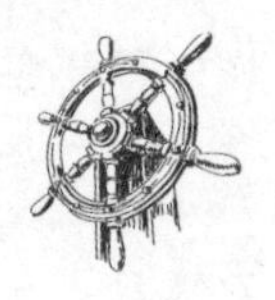

Part 1

南北极是地球最后的净土……001

南极洲是人类最晚发现的大陆，北冰洋是人类最晚发现的大洋。南北两极虽然相隔甚远，一个在最北之北，另一个在最南之南，它们却拥有相同之处，那就是南北极地都被晶莹剔透的白雪覆盖，夜晚时常可见绚烂、幻美的极光。南极和北极身覆银色的光华，远隔人世千万里，也被称为地球最后的净土。

地球端点的雪海冰原……002
充满神秘的冰雪世界……005
中国涉足南极事务……009
南极冰层下的活火山……012
北极圈的大洋：北冰洋……016
北极具有重要的战略意义……019

Part 2

生活在严寒极地的生物……024

地球的两端虽天各一方，却一样的极其寒冷。在那覆满冰雪的荒原天地，也生活着一群机敏、可爱的极地动物。有被誉为“海洋之舟”的企鹅，还有被称为“海洋粮仓”的磷虾，也有世界最大动物鲸鱼，还有北极的霸主白熊。千万年来，它们悠闲自得的生活在这个冰雪世界，为这荒寂的冰原增添了无限生机。

冰原上的“土著居民”：企鹅……025
南大洋的“粮仓”：南极磷虾……028
南极海域的巨型精灵：鲸鱼……031
北极冻原上的霸主：北极熊……035
雪地上的精灵：北极狐……038
冰原的狼族：北极狼……042

Part 3

地球两极奇异自然现象……045

自古以来，人类对于遥远的极地就充满了热情。为此，近百年来，有无数的探险家前赴后继，前赴两极探索它的奥秘。历代探险家乘风破浪，历经千难万险，最终抵达那偏远、险阻的穷极之地。人们在这里，不仅掀开了极地的神秘的面纱，还见到了两极绮丽、令人叹为观止的自然景色。

美不胜收的南极幻日……046
令人沉醉的幻美极光……047
变幻无穷的海市蜃楼……051
地球最南端的高原……054
令人闻风丧胆“杀人风”……057
海域中会移动的“岛屿”……060

Part 4

生于斯长于斯的爱斯基摩人……064

在4000多年以前，人类完成最后一次迁徙时，爱斯基摩人迁移到北极地区，他们凭借坚定的毅力、过人的勇气和智慧，在这片雪域莽原中生存了下来，并且在此地世代繁衍。经过千年演变，爱斯基摩人特有的“雪屋”已不复存在，他们打破传统的雪原生活，建立了自己村庄，融入到现代城市，开拓了新的生活。

爱斯基摩人与中国的渊源……065
爱斯基摩人的服饰特点……068
狩猎为生的爱斯基摩人……070
爱斯基摩人的住宅——雪屋……073
爱斯基摩人最实用的运输工具……076
爱斯基摩人生活的变迁……079

Part 5

别林斯高晋：首次环绕南极大陆航行的航海家……083

近几个世纪以来，人们一直相信在地球南端，有一块未被发现的神秘陆地。为寻找这块神秘大陆，早期有不少航海家耗费了大量的人力物力，甚至献出了宝贵的生命。尽管在探寻南极大陆的伟业中，受到重重阻碍，但是人类始终没有放弃，最终俄国航海家在经历三年时间的南极之旅后，终于证实南极半岛的存在。

被历史铭记的海上将军……084
充足准备向南极洲进发……086
海军上将三入南极圈……089
以别林斯高晋命名……093

Part 6

罗阿尔德·阿蒙森：第一个到达南极点的人………096

在1912年前，地球的另一个极点——南极，不曾被人类涉足，人类对遥远南极充满未知和陌生。1912年7月，挪威的港湾迎来世界的英雄，成千上万的民众为他的回归庆贺欢呼。通过长达两年的南极点探险之旅，这位英雄最终不负所望，抵达南极点，成为历史上第一个踏足南极点的人。

西北航道的征服者……………………………………………………097

梦寐以求的北极之旅…………………………………………………100

第一次登陆南极大陆…………………………………………………103

以英雄名字命名的考察站……………………………………………107

Part 7

罗伯特·斯科特………………………………………………………111

青年时的科斯特曾是一名优秀的海军军官，中年时期，斯科特爱上了探险旅行。1910年，英国宣布了一件重大事情，斯科特将前赴南极探险，他要成为第一个到达南极点的人。然而1912年传来噩耗，斯科特探险队全员在南极探险回程中，献出了宝贵的生命。在弥留之际，斯科特用日记的形式，记录下了这段艰险的旅程。

为南极洲之行做准备……………………………………112
偏离南纬 80° 的"一顿仓库"…………………………116
阿蒙森探险队捷足先登…………………………………120
斯科特最后的日记………………………………………124
死前写给爱妻的信………………………………………130
南极探险失败之探究……………………………………134

Part 8

中国对极地的探索……………………………………139

世界的南端，是一个充满魅力的冰雪世界，它被赋予"神秘领域"的美誉。自 18 世纪以来，这片"神秘领域"始终独属于西方世界，它周围的岛屿、海域或被西方探险家、航海家命名，或被某个世纪的国王命名，甚至是某个渔夫、海盗的姓氏……直到 1984 年，南极的空中终于飘扬起标志中国的五星红旗。

南极洲的中国来客………………………………………140
中国揭开南极的神秘面纱………………………………143
首次建立南极考察站……………………………………147

第一个到达北极的中国人······151
中国首次勘测北极大陆······152

Part 9

沙克尔顿的南极探险 ······156

自18世纪以来，人类对探索神秘的南极，可谓是魂牵梦萦。当人类首次发现这片冰雪世界后，新一轮的挑战也随之而生。英国探险家沙克尔顿曾先后4次前往南极探险，虽然他的计划皆以失败告终，但他凭借坚忍不拔的毅力和信守承诺的高尚品格，依然被世人称为“失败的英雄”。

20世纪英国的首次探险······157
创下最接近南极点的记录······160
“持久号”的伟大壮举······163
险象环生的救援之旅······167
他被誉为失败的英雄······171

Contents

目录

Part 10

地球极地何去何从……175

两个世纪前，地球的两个端点——南极和北极，人类原以为极地是一方乐土，结果却令人大失所望。极地是一个极其严寒、风雪肆虐的不适合人类居住的地方。尽管如此，智慧而勇敢的人类，依然对探索极地满怀热情。近年来，极地的环境与上方臭氧层纷纷遭到破坏，那片冰雪原野，将面临融化的危机。

极地面临融化危机……176
保护南极的必要性……179
极地上空出现的臭氧洞……182
全球变暖威胁两极……185
有机化合物跨区污染极地……188
过度捕捞引发的生态灾难……192

Part 1

南北极是地球最后的净土

南极洲是人类最晚发现的大陆，北冰洋是人类最晚发现的大洋。南北两极虽然相隔甚远，一个在最北之北，另一个在最南之南，它们却拥有相同之处，那就是南北极地都被晶莹剔透的白雪覆盖，夜晚时常可见绚烂、幻美的极光。南极和北极身覆银色的光华，远隔人世千万里，也被称为地球最后的净土。

地球端点的雪海冰原

地球是一个椭圆形的球体，它的形状如同一个圆润的鸭梨。鸭梨的顶端相当于北极在地球的位置，而鸭梨的底部相当于南极在地球的位置。在 16 世纪以前，人类并不知道南极的存在。生活在北半球的古希腊人推测，既然地球的北端有着高阔的陆地，根据相对性，那地球的南端也一定有大陆。直到 16 世纪，希腊的著名地理学家托勒密，发挥充分的想象力，在纸上绘制了一幅地图。这幅地图不仅画出了地球北部的大陆与海洋，更令人称奇的是，他在地球的南部画出了一块陆地，标注着"未知大陆"。

直到 16 世纪中叶，地图学家麦卡在托勒密绘制地图的基础上进行修改，绘制了一幅世界地图。同时对托勒密标注的"未知大陆"的范围进行了调整，将它重命名为"南方大陆"。自从人类对"南方大陆"满怀憧憬，人们认为那儿一定是一个鸟语花香、四季如春的极乐世界。因此，为找寻人们幻想中的极乐世界，各国探险家不惜冒着生命危险，漂洋过海前往地球南部，寻找南极大陆。

在 18 世纪 70 年代以前，人们只发现了太平洋上的许多岛屿和新西兰，并没有发现"南极大陆"，这也一度令人怀疑这块神秘大陆是否真的存在。直到 18 世纪中叶，世界上再次掀起了寻找"南极大陆"的热潮，各国探险家蜂拥而至，前去寻找那遥远而神秘的南方陆地。直到 170 多年前，人类才首次发现南极大陆，然而令探险家们大失所望的是，那片遥远而神秘的南方大陆，竟然是一个苦寒无比、四季无花、少有人迹的冰雪世界。这块极度严寒的白色大陆，也是地球上最后被发现的大陆——南极洲。

南极洲在被人类发现之前，已经有大约 2 亿年的历史了。在 2 亿年前，地球上的许多大陆都连在一起，然而这块大陆却出现了分裂，随后成为两块大陆。北面的一块被称为劳亚古陆，南面的一块被称为冈瓦纳古陆。随着时间的推移，劳亚古陆和冈瓦纳古陆继续分裂，渐渐形成了七块大陆。其中有一块大陆一直向南部漂流，最后漂到了南极，也就是后来的南极洲。

有人说南极大陆像游水的蝌蚪，也有人说它像一个轻歌曼舞的白衣女郎，但从地图的形态来看，它更像一只打开屏障的美丽孔雀。南极半岛和设得兰群岛紧密相连，如同一只俯首啄食的孔雀，而罗斯海和威德尔海凹陷相交，如同孔雀绚丽的锦翎。

南极洲被南极大陆和其他部分岛屿以及陆缘冰架围绕，它的面积达到 1424.5 万平方千米，其中大陆面积就有 1239.3 万平方千米。由于南极大陆被人类最晚发现，因此它也有“第六大陆”之称，而其余五大陆分别是：欧亚大陆、非洲大陆、北美大陆、南美大陆和澳大利亚大陆，也是地球已知的唯一有陆地的极地。它与亚洲、欧洲、北美洲、南美洲、非洲、大洋洲，并称为七大洲。

南极大陆的地图

南极洲除了覆满积雪的陆地外，便是耸入云霄的冰川。南极的冰川是依靠万年积雪堆积而成的，它的冰川平均海拔高度均在 900 米左右，可见其宏伟之姿。南极大陆有 95% 的地面被厚重的积雪覆盖，面积达到 1200 万平方千米，平均冰层厚度 2450 米。可见南极大陆是名副其实的冰雪世界。

南极洲的腹地几乎寸草不生。由于生存环境险恶，苦寒无比，生物难以生长，那里只有少数耐寒植物和一两种耐寒的昆虫。偶尔能见到一些苔藓、地衣等植物。

不过，它的海洋生物却十分富饶。南大洋里有丰富的海洋物种，比如南极磷虾等。企鹅也是南极较为有特色的动物之一。盛夏时节，常有企鹅聚集在沿海一带，勾勒出一幅绮丽的秀美景观。南极的海兽种类也较为丰富，主要有海豹、海狮和海豚等。由于南极洲海岸附近的海洋生物资源极其丰富，因此这里成为世界重要的捕鲸区。但因人类的过度捕捞，导致海兽数量急剧锐减，类似海豹等有珍贵价值的海兽，已经几乎绝迹。

南极除了是雪域莽原外，它还是一个充满神秘的地方。经科学家勘测发现，南极大陆存在大量陨石，各国考察队在南极找到的陨石已超过 4 万个，而世界其他地区的陨石碎片不过几千片。因此，有科学家提出质疑，南极比其他地区更容易降落陨石，还是南极有什么神秘力量吸引陨石坠落？

经科学家研究得出了结论，并非南极有吸引陨石坠落的能力，而是当不同类型的陨石降落在南极大陆后，陨石碎片随着冰川的流动而被搬运，当陨石碎片被夹裹在冰雪之中，能够大力避免陨石受风化程度。如果碎片降落在其他地区，经过几千年、几万年，也就随之化成土壤了。

除此以外，南极还有一个神奇景观——冰下湖。什么是冰下湖？就是在冰层下方封层的水。南极不比其他地区，它除了被人称为“神秘国度”更是以“冰雪大陆”闻名于世。在苦寒无比的南极，竟然存在不结冰的湖泊，这实在令人诧异。

科学家经过研究发现，南极之所以会出现“冰下湖”的现象，主要有五个原因。一是“冰下湖”可能与海水相连，随着冰盖的层层冻结，而将水体保持流动状态，因而形成冰下湖。二是冰盖底部基岩地热活动异常，温度过高的基岩地热将冰盖底部融化，形成冰下湖。这也是形成冰下湖的重要原因。三是冰体的厚度超过 3000 米，并配合冰下基岩地热活动，当冰盖底部达到了压力融点，就会融化产生水体，形成冰下湖。四是冰下可能有活火山，而活火山造成冰体融化成水，形成冰下湖。五是冰盖底部存在热岩，热岩可以持续释放热量，因此产生水体形成冰下湖。

科学家经过研究发现，南极不仅存在冰下湖，还有一些不结冰的冰面湖。冰面湖由于全球变暖和太阳直射，因此在夏季湖面也不会结冰。不过这种冰面湖在南极并不多见，而北极却十分常见。

在这个晶莹剔透的冰雪世界，充满了神秘的色彩，因此我们还需要继续探索和发现，解惑这个冰雪天地布下重重谜团。自20世纪以来，登陆和探索南极的科学家也随之增多，人类已经凭借智慧和勇敢的精神，逐渐掀开南极大陆神秘的面纱。

充满神秘的冰雪世界

在寒冷的极地，存在着一种神奇的自然现象，那就是极昼和极夜。极昼和极夜只有在南北极圈内才能看到。每当春分过后，北极圈内就会出现极昼现象。当出现极昼时，在一天之中，太阳总是高高挂在天上，不见日落之势。这种“日不落”现象长达半年之久。当秋分过后，极圈内将会出现连续半年的黑夜，而这一现象则被称为极夜。北极与南极完全相反，因此，春分过后，南极会出现长达半年极夜现象。

在极圈范围内出现的神奇现象，完全打破了“昼夜更替”、“日出而作、日落而息”的规律。这种现象的出现，是因为地球环绕太阳公转的轨道是一个椭圆，而太阳位于这个椭圆的焦点上。由于地球总是侧着身子环绕太阳旋转，使地球自转轴与公转平面之间有一个66°33′的夹角，而且这个夹角在地球运行过程中是不变的。这样就造成了地球上的阳光直射点出现南北移动现象。

在每年的春分和秋分，太阳光直射在赤道上，这时地球上各地昼夜长短都相等。春分以后，阳光直射点逐渐向北移动，这时，极昼和极夜分别在北极和南极同时出现。直到夏至日时，太阳光直射在北回归线上，整个北极圈内都能看到极昼现象；而整个南极圈内都能看到极夜现象。到冬至日时，太阳光直射在南回归线上，这时整个南极圈内都能看到极昼现象，而整个北极圈内都能看到极夜现象。因而，纬度越高，极昼和极夜的时间也越长。

位于俄罗斯西部的圣彼得堡，就处于北极圈范围内。每逢仲夏时节，圣彼得堡的白天就会持续近 20 个小时。黄昏过后不久，就开始出现晨曦，这种现象要持续半个月左右。

北极圈内的岛屿众多，其中最大的岛屿要数被称为世界第一大岛

圣彼得堡的极昼景象

的格陵兰岛。格陵兰岛有81%的土地都被冰雪覆盖，它也被誉为“绿色土地”。在这里居住的人民，没有“日出而作、日落而息”的生活规律，他们需要度过漫长的白天和黑夜。在北极圈内的众多岛屿之中，喀拉半岛最为与众不同。在这里，即使是正常的夏季，也会遭受暴风雪或霜冻的侵袭，然而这里花草树木、瓜果蔬菜却依旧枝繁叶茂，因此它也被称为“世界最北的植物园”。

大多数历史学家认为，北极圈是先由希腊人发现并确定的。古希腊人认为，天上的繁星可以分成两组：一组在世界的北方，一年四季都能够看到；而另一组在世界的南方，它们随着季节的变化而循环出现。这两组繁星的分界线是由大熊星座割划出一个圆圈，而这个圆正好是北纬66°33′的纬度圈，也就是北极圈。

在古时候，人们认为天空是圆的，而土地是方的，也就是“天圆地方”说。然而古希腊的著名数学家毕达哥拉斯和他的学派十分鄙夷这种说法。他们坚定地认为，大地和天空都是球形的，这才符合“宇宙和谐”与“数”的需要。

后来柏拉图的学生亚里士多德为“大地呈球体”这一理念奠定了基础。他认为，既然北半球有大陆，那么根据“球”的平衡性，南半球也应该有一块大陆。而且为了避免地球出现“头重脚轻”，造成北极大陆过“重”的难堪局面，因此，北极点应该有一片平衡地球的海洋。

这一理论很快就受到大众的认可，于是在2000多年前，古希腊人毕则亚斯为证实这一理论，率领着一队探险队，首次向北极进发。在经过6年的航行，他最终到达了北半球的冰岛或是挪威中部后，开始返航。在公元前325年，毕则亚斯回到了马塞利亚（今法国马赛）。

毕则亚斯为人类探险北极开创了先河。在1200年后，古斯堪有一个名叫奥塔的纳维亚贵族，前往北极探险。奥塔第一次绕过斯堪的纳维亚半岛最北端的海角，向科拉半岛驶去。与此同时，挪威国王派遣一个叫弗洛基的人，前往西北方向寻找新大陆，最后弗洛基发现了冰岛。

被誉为“世界第一大岛”的格陵兰岛的发现者竟是一个海盗。这个海盗名叫红脸艾力克，是挪威人。他曾在挪威管辖的冰岛连续两次杀人，随后挪威政府将他驱逐出境。在走投无路的情况下，红脸艾力克只好带着一家老小和所有的财产，驾着一艘无棚的小船，怀着一丝希望往西划去。在经过一段相当艰苦的航行后，他意外地发现了一片陆地。此时正处于“中世纪暖期”，这使像格陵兰岛那样的高纬度地区也变成适于人类生活的环境。于是，红脸艾力克带着全家来到这座岛屿，并在这里生活了 3 年。他觉得这里是一块很好的土地，于是决定返回冰岛，招募人们移民。由于格陵兰岛沿海地区的夏季，呈现一片苍翠的绿色，于是他还给这座岛屿取了一个非常好听的名字，叫作格陵兰，意为绿色的大地。在红脸艾力克绘声绘色的描述下，一批又一批的移民携带着他们的家财乘风破浪，前往格陵兰岛生活。此后，这座久无人居的岛屿发展得蓬蓬勃勃，生机盎然。在它最富饶的时候，曾有数千人在这里居住，人们不仅建立了教堂，还与欧洲建起了通商关系，甚至罗马教皇还派人来征收教区税。

然而，500 多年后，世界气候又发生了一次波动，这里迎来了小冰期时代。格陵兰突然变得寒冷无比，于是这个曾繁盛一时的乐土，渐渐变得无人问津。直到这里出现爱斯基摩人。

人类在经过数百年的文明发展后，除探索北极外，对寻找南极大陆也是志在必行。经过历代人的寻找和探索，最后人类终于确定在地球的南部，存在着一片冰雪大陆——南极洲。南极洲与北极大陆一样，严寒无比，不适合人类居住，因此南极洲生活的生物，都有着奇特的环境适应能力。比如，在维多利亚地的一个淡水湖里，有一种“湖藻”

能忍受 4 个月的极夜，在极夜来临前，它能充分利用白昼的阳光，高效率地进行光合作用，合成大量的有机物，这些有机物除供它生长发育外，还将剩余部分排到体外，贮存在它生活的水环境中。在极夜期间，它就停止光合作用，并吸收它释放出来的有机物，维持最低限度的代谢，发育生长。还有一种名叫轮虫的生物，它可以不吃不喝地休眠 4 个月，度过漫长的极夜。

极昼和极夜这种奇特的自然景象，只能在南北极圈内看到。近年来，不少游客为一睹极昼、极夜的神秘色彩，不远万里前往极圈感受这种神奇的自然景观，这也让鲜有人迹的极地有了生机。

中国涉足南极事务

早在 19 世纪以前，人类就对地球产生好奇，于是人类开始了对地球的探索之旅。经过多年的探索和寻找，人类最终发现地球的最后一块大陆——南极大陆。而在探索南极大陆的过程中，也流传着许多关于探险南极的传奇。在不同的国家，关于南极探险历史的故事也广为不同。

在法国人的心目中，布韦和迪蒙·迪尔维尔就是到达南极大陆的民族英雄。布韦在 1738 年航海的途中发现了布韦岛，迪蒙·迪尔维尔早在 1839 年就抵达了南极圈附近并发现了海岸线。然而，英国对这种说法并不信服。在英国人民的心目中，库克船长才是首次发现南极洲的英雄。他们坚持 1768 年环绕南极航行的库克船长是发现南极大陆的第一人。对此，俄国人也有不同的见解，他们认为“南极发现权”属于别林斯高晋和拉扎列夫 1819 年的那次航行。

在众多新奇百怪的说法之中，美国人也有独到的看法。美国人认为南极的发现要归功于美国人在南极海域捕杀鲸鱼、海豹的私人商业活动。埃里克·杰·多林曾为我们描述了一段让人吃惊不已的“美国探险南极”的传奇：

在1773年，北美地区发生了一起轰动全球的“波士顿倾茶事件”。当时英国人控制了整个世界的海权，因此美国人和远东的生意只能通过在运输过程中收取重税的东印度公司进行。当时美国人乔装成印第安人，往英国购进中国的传统商品——茶叶，更令人意想不到的是，中国的茶叶竟捣毁了英国的市场。

当时，英国人非常想让中国的商品流经国内，打通中、英两国的市场。然而，英国人却以一种卑劣的手段想迫使中国就范。英国人为打开中国市场，先后向中国卖进纺织品和鸦片，使中国在相当长的一段时间内遭受重创，然而却始终没能打开中国市场的大门。

当时，聪颖的美国人十分懂得经商之道，他们不仅非常“友好”地为中国人着想，极力反对鸦片战争，而且很轻松地就找到了最好的也是收益最大的商品——海獭与海豹皮。当时美国从广州运走将近250万张海獭皮，每张海獭皮可以翻10倍的利润。可好景不长，随着肆意的捕杀，海域中的海獭数量已经非常有限，甚至濒临灭绝。为了捕获更多的海獭和海豹，美国人竟然从北美洲找到了南极洲，于是他们也“荣获”了南极第一发现权，而且他们在南极洲上猎杀了32万只海豹。而这些海兽几乎灭绝的血腥故事，也成为美国人首先发现南极大陆的“铁证”。

尽管至今我们都无法探究谁是南极第一个发现者，但人类对于探索南极的热情依然不曾减退。

一直以来，南极考察事业一直由西方人进行，而我国与南极考察事业始终远隔千里，但这并不能阻碍我国人们对南极考察的热情。于是在1985年2月15日，中国在南极洲的南设得兰群岛的乔治王岛上建立了中国南极长城站，这也是中国第一个建在南极的考察站。

中国参与南极考察事业起步较晚，早在 17 世纪，西方国家就积极参与到南极考察事业当中。在 1959 年 12 月 1 日，由阿根廷、澳大利亚、比利时、智利、法兰西共和国、日本、新西兰、挪威、南非联邦、苏联、英国和美国 12 个国家，共同制定了约制各国对南极资源开发的《南极条约》，并且承认南极洲的使用目的仅限于和平和人类利益，且南极不成为国际纠纷的场所。这一条约的签订有效约束了各国在南极洲的活动，并确保各国对这块不属于任何国家的大陆的尊重。

南极条约邮票

作为亚洲文明的泱泱大国，中国也积极参与其中。在 1983 年 6 月 8 日，中国成功签订《南极条约》，成为“条约国”中的一员。然而，在《南极条约》签字的国家有协商国和缔约国之分，只有在南极建立考察站的国家，才有获取协商国的资格。由于当时中国科技水平并不发达，仅是缔约国中的一员。

在 1983 年，中国曾派代表郭琨参与在堪培拉举行的第十二次《南极条约》缔约国会议。郭琨等人参与此次会议，本是为了“圆梦”，然而，在出席会议的时候，中国代表团却遭受了莫大的“屈辱”。原来，由于当时我国还只是缔约国成员，而缔约国成员是没有表决权的。因此中国代表团在会议中只能聆听，甚至在会议进入实质性谈论时，包括中国在内的 9 个缔约国家的代表团，只能被请出会场。参加首次南极科考队的成员之一的颜其德说：“这跟举办奥林匹克运动会相似，很多国家都能参加，但实际能举办奥林匹克运动会的少之又少，大部分国家只能举着国家的旗帜象征性地挥舞一下，而当时的中国就如同举着旗帜的国家。”

只有最初制定《南极条约》的12个国家和后来在南极建立考察站的4个国家才有权利决策南极的事务，而身为“后来者”的中国，在当时更是没有任何权利。于是，建立南极考察站不仅是对南极科考事业的贡献，更是整个国家的尊严和荣誉。在遭受如此大的羞辱后，这也使中国政府更加坚定了建立南极考察站的念头。

1984年11月19日，中国第一支南极科考队起航，进军南极大陆。自此以后，每年中国都会派出一支南极科考队探索这片环境恶劣、地势偏远，同时又充满神秘的南极大陆。在历经两个多月的建筑工程后，于1985年2月15日，南极洲的南设得兰群岛的乔治王岛上，一座具有中国人心血和汗水的考察站拔地而起，南极上空终于飘扬起代表中国的五星红旗。

此后一年，中国又在南极洲建造了第二座南极考察站，并以孙中山先生的名字名为其为“中山站”。而中国也在1985年10月7日，正式被接纳为协商国，雪洗了当初“被请出去”的耻辱。

南极冰层下的活火山

南极洲地处地球的最南部，那里气候恶劣，苦寒无比。然而，在这片冰雪莽原中，竟然存有许多火山。更令人诧异不已的是，在这些火山当中，还存在一些在近两百年喷发过的活火山，甚至还存有不少岛屿火山。南极洲地势偏远，气候严寒无比，这导致南极洲并不适合人类久居。由于这里人烟稀少，因而活火山多次喷发都无人目击，使人们难以相信在这片冰雪世界中，竟还存在着活火山。

1893年，挪威人拉尔森指出南极大陆存在火山。为了证实这一理论，他沿着南极半岛的东岸开始了一次南下威越尔海的珍贵航行。在航行过程中，他到达锅尔努纳塔克斯，在那里看到了火山活动，并将这一宝贵资料公布于众。然而，当时有许多地质学家对他的报道提出质疑，认为他看到的火山活动景象，很可能是天边云彩。但随着研究工作的进行，最终证明拉尔森是正确的。

拉尔森并不是首次发现南极大陆有火山的人。1841 年 1 月 9 日，詹姆斯·克拉克·罗斯和弗朗西兹·克劳齐尔就曾驾驶着皇家海军“埃里伯斯”号和“坦洛”号船前往南极，在通过一片浮冰海面后，进入了罗斯海的辽阔水域。三天之后，他们看到了一座非常雄伟的山脉，这条山脉最高海拔达到 2438 米。詹姆斯称这座山为“阿德默勒尔蒂山脉”。随后，他们继续沿着山脉的方向向南航行。

南极火山

在 1841 年 1 月 28 日，詹姆斯等人惊讶地看到了一座处于高度活跃状态的巨大火山。更令人诧异的是，这座活火山竟然还是处于一个冰天雪地的大陆的冰雪之中。这座火山就是埃里伯斯火山，在它的东面还有一座被称为“坦洛山”的较小的死火山。由于当时地质科学还处于萌芽阶段，这样的发现令人无法得到合理的解释，因此有关南极大陆的火山资料也少之又少。

在 20 世纪，英国的著名探险家欧内斯特·沙克尔顿曾在 1907—1909 年尼姆罗德探险期间，由时年 50 高岁的埃克沃思·戴维教授带领着沙克尔顿以及其他四名队员攀登此山。在 1908 年 5 月 10 日他们到达顶峰，并在那里发现了一个直径 805 米、深 274 米的火山口，而火山口底部是一个小熔岩湖，这个熔岩湖至今仍然存在。像埃里伯斯一样拥有悠久历史熔岩湖的活火山少之又少，在全世界中也仅有三座。

在 1974—1975 年间，新西兰曾派出一支地质考察队走进主火山口，并在那里建造了一个营地。由于火山喷发有强大的狂烈性，这导致他们无法深入火山口内部。在 1984 年 9 月 17 日，这座火山再一次喷发，将火山熔岩弹抛出主火山口。至今为止，埃里伯斯仍是地质学家的研究对象。

早期，曾有地质学家用水彩绘制出埃里伯斯火山的绮丽景色。在这些画作当中，最佳的作品要数曾两次参与斯科特探险队的医生以及博物学家爱德华·威尔逊的作品。不少植物学家们对高耸于南极大陆的活火山有着特殊的兴趣，他们证实了特拉姆威山脊的火山喷气孔区暖湿地上滋生着丰富的植物。

埃里伯斯火山吸引的不仅仅是地质学家，还有许多慕名而来的游客。对任何一个到达此地的游客来说，埃里伯斯火山就如同一座闪耀光辉的灯塔。当然，早期人们攀登这座神秘的山脉，目的也是为了探索活火山的奥秘。

事实上，南极洲火山岩十分常见。尽管大部分火山岩的地质年代较为悠久，但根据侦测发现，罗斯海中地质上有不少历史较短的火山区。在麦克默多和玛丽伯德地就存在年轻的火山区，这也直接印证了南极洲的“近代造陆运动”。

2008年，英国南极考察队在南极进行考察后，描绘了一幅令人难以置信的画面：

在2000多年前，南极大陆上本是一片祥和之气，突然，南极洲地动山摇，地面开始剧烈震动。随后，就出现了一幅令人永生难忘的壮丽奇观——原本平坦、坚实的冰面上，竟然出现了一个巨大的坑洞。同时，一阵阵夹杂着令人难以承受的热度的烟雾从坑洞中滚滚而出，垂直地喷向高空。远远望去，就像是一个不断翻滚的高达数十千米的烟柱。

但是这种奇观并没有持续太久，随着烟雾的消散，冰雪很快将坑洞覆盖，在极低的温度下，坑洞散发的热度也随之而散，大陆恢复了以往的样子。当科考队员在空中使用雷达对南极大陆冰层下的地形进行探测时，发现西部冰原的哈德孙山冰层下有一块2.3万平方千米的“特殊”区域，其地形极不规则。经科考队员确认，其冰层下面矗立着一座海拔约1000米的岩石山，而根据其周围的沉积物等情况判断，这座火山曾在约2200年前爆发过。

在南极深厚的冰层下面，竟然存在一座火山，而更令人感到诧异的是，这座火山曾在两千年前喷发过。这个消息一经证实后，让科学家们兴奋不已。同时，也让一些科学家倍感担忧，他们想到这座沉寂千年的活火山，一旦喷发，那么岩浆就会融化大量的冰川，导致海平面急剧升高，淹没毫无准备的人类和城市。人类将面临流离失所、生死存亡的巨大考验。

事实上，这样的想法完全是杞人忧天。有科学家经过证实，南极冰盖的厚度，不是一般性的火山可以融化的。即使火山喷发比较厉害，甚至如同两千多年前的那次喷发，那么也无须担忧，结果也会和当时的情景相差不远。假如真的发生了难以预测的火山喷发，冰川在熔化后流进海洋，它的影响也不会很大。因为水循环是一个完整体系，当冰川融化时，也会有部分水凝结成冰，因此我们完全不需要为南极深厚冰层下的火山喷发而担忧。

北极圈的大洋：北冰洋

北冰洋位于北极周围，它以北极为中心点，被亚欧大陆和北美大陆所环抱。北冰洋也是人类最后发现的一片海洋，它与太平洋、印度洋、大西洋并称为“四大洋”，是地球的四大海域。

最先发现北冰洋的人是英国的航海家马丁·弗罗比歇。马丁·弗罗比歇在青年的时候，曾当了多年的“私掠船”船员（私掠船，即为武装民船，是一种获得国家支持可以使用武器攻击他国商船的民用船只，即被国家认可的海盗）。由于他们得到英国女王伊丽莎白一世的暗中支持，因此马丁等人掠夺了许多从新大陆运送财富的西班牙船只。

自 16 世纪初开始，英国商人和船员们就一直希望能够找到那条通往远东国家的西北航道，直到 16 世纪末，英国人才开始了这场寻找西北航道的探险之旅。

马丁·弗罗比歇就是此次西北航道探险的发起人。当人们听说他将要前赴北冰洋寻找那条便捷航道时，在西非贸易发财的商人为马丁提供了大笔资金资助。于是马丁带领着他的船队开始向北冰洋进发。

1576 年 5 月，马丁和他的船员们乘坐三艘船出发了，他们的任务是找到西北航道。一路上，马丁等人朝着西北方向的格陵兰岛航行。在航行的过程中，一艘最小的船淹没在大西洋的惊涛骇浪之中。而另一艘船则在风暴中与马丁所乘的船分散了，随后又回到了港口。只剩下马丁的“加布里埃尔”号独自继续航行。在“加布里埃尔”号顺利抵达加拿大海岸外的巴芬岛后，马丁发现了一个“大海峡”。他笃信自己找到了通往远东国家的航道。这是因为马丁等人在巴芬岛遇到了有着亚洲人特征的因纽特人，这才使马丁认为自己找到了西北航道的快捷路线。

当马丁和船员们在巴芬岛靠岸后，船员对因纽特人用海豹皮制作的小艇非常感兴趣，因此他们决定一探究竟。然而登陆巴芬岛的五名船员却被因纽特人抓走了，此后便再也没有回来。无奈之下，马丁只好带着剩下的船员开始返航。他们仅用了一个月的时间，就回到了英国。回到英国后，马丁虽然并没有找到西北航道，却带回来一个“奇特的亚洲人”——原来，他们在巴芬岛靠岸的时候，抓走了一个因纽特人。尽管马丁的第一航行失败了，但英国人依然兴致勃勃地研究这个黄皮肤的“亚洲人”。除此之外，马丁还带回来一些他认为含金的黑色矿石。英国女王对马丁非常有信心，于是她鼓励并资助马丁进行第二次和第三次远征。

北冰洋

英国女王不仅资助了马丁大笔资金，并且为他打造了一艘200吨名为“卡布利埃尔”号的航船，还为他准备了一艘急救、脱困的多桅帆船。于是，马丁再次组织了一支阵容庞大的远征队。此次远征队共有140余人，其中包括士兵、矿工等。而他们此次的探险任务则是将含金的矿石装满船，送回伦敦。之后再继续寻找西北航道。

1577年5月，马丁带着船员们开始了第二次探险航行。当他们到达英科格尼塔后，马丁就让他的船员们高高举起旗帜，在海岸附近登陆。随后，他们便在惊恐万分的因纽特人面前，进行奏乐操练。

然而就在他们登陆没几天后，一名船员在因纽特人的茅草屋里看见了一堆白森森的骨头，他以为这是人类的骨头，而坐在草屋里的老妪，则被他当成吃人肉的魔鬼。这把他吓得魂飞魄散，赶忙逃回到了船上。由于他的误解，他将那些性情温顺的因纽特特人误认为是一群吃人肉的恶魔，因此他将这座岛屿称为魔岛，这里人称为魔鬼。于是马丁只好加快采矿的进度，将两艘船都装满“宝贵的矿石”，随后起航返回了英国。

1577年9月，马丁带领船队凯旋而归，当他回到英国后，黄金热潮席卷了全国。特别是皇宫的“专家”宣布这些矿石含有大量黄金时，整个英国都沸腾了。这也引起了更多人前往远东国家探险的欲望。

在1578年5月底，马丁率领一支庞大的队伍，再次开始远征的旅程。此次出航他肩负起三个重任：一是为避免新发现的黄金之地引起其他国家的觊觎，于是要抢先在那附近一带开拓一片殖民地，并建造一个要塞；二是马上着手对金矿石的开采，并将金矿石运回英国；三是继续寻找西北航道，尽可能找到远东国家。

但此次航行并不顺利，6月初，马丁探险队的大船遭遇了一场暴风雪，大船与一座冰山相撞沉没了。大家费尽九牛二虎之力终于将船员们从大船中救了出来。而其他的船只也因暴风雪被吹散了。一些船只被卷去了南方，一些船只被带进了一条宽阔的海峡。

这片海峡外面是一片辽阔的大海，随后马丁便率领船员前往这片海域，并在这里发现了一片“大陆”——英科格尼塔之地。随后，当马丁等人向南航行时，却发现此地并非一片大陆，而是一座岛屿。虽然马丁没有找到西北航道，但他发现冰山上的雪是淡水，而并非海水，因此他得出一个结论：冰山“产生”于陆地，然后“滚入”海洋，如同阿尔卑斯山的冰雪流入山谷一样。事实证明，马丁的结论是对的。

接下来的几天里，马丁带领着他的船队开始返航英国。在经过一段艰难的旅程之后，他们顺利回到了英国，并运回了大量的“金矿石”。英国女王请来世界上最权威的专家帮她鉴定这些“金矿石”，然而结果却令人大失所望。这些矿石中，没有一块含有一丁点儿黄金。

当第三次探险惨遭失败后，马丁便再也未涉足过北部海区。此后，他重操旧业，继续海盗的生活。后来他参与了1588年进攻西班牙人“无敌舰队”的战斗并取得了功绩，被英国女王封为伯爵，最后马丁参加了进攻布勒斯特城的战斗，在这次战斗中他战死在法国的海岸边。

尽管马丁·弗罗比歇遭遇了三次航海的失败，但他是到达北冰洋的第一人，他的故事激励着后来的探险家们去接受新的挑战。

北极具有重要的战略意义

自20世纪50年代初，各国对于北极领土主权就频发纷争。当时加拿大率先宣布享有北极领土主权，并在北极地区加强军事力量，还在2004年举行了捍卫其北极领土主权的大规模军事演习。而临近北

北冰洋海面

极的美国、俄罗斯、挪威等国家，也没有放弃享有北极领土主权的要求。美国在阿拉斯加到冰岛的海岸线上，建立了导弹防御系统，加强了军事力量；而丹麦也提出对北极地区享有资源开发权；俄罗斯一再强调北极地区以及部分北冰洋为其所有。

北极地区之所以为众多国家争夺，主要有两大原因：一是北极拥有大量的石油资源。当今，全球石油资源日趋匮乏，号称“第二个中东”的北极价值日渐凸显。此外，北极地区的自然资源极为丰富，除了有渔业、水力、风力、森林等可再生的自然资源，还有丰富的石油、天然气、铜、钴、镍等许多不可再生的矿产资源。二是北极地区有很大运输价值，具有相当重要的战略意义。目前，北极航道有两条：一条是从美国和加拿大东海岸出发，向西前进穿越加拿大北极群岛，经波弗特海、白令海峡抵达美加太平洋港口的西北航道；另一条是从西欧和北欧港口，穿过西伯利亚沿岸海域，绕过白令海峡到达中国或日本港口的东北航道。

但是北冰洋航线最大的缺点就是航行期短暂。在北冰洋海域当中，除巴伦支海南部一年四季都能够行驶船只外，俄罗斯、美国、加拿大北部的沿海地区一年只有一半或三分之一时间可以通行。这是由于北冰洋极其严寒，冬季时海面上冻结很厚的冰层，这使船只无法航行，即使是在夏季也需要破冰船为船队开路。

自 1957 年北冰洋上空的空中航线首航成功，日本首都到阿拉斯加和北极到丹麦首都的航空路线比原航程路线缩短了 2700 千米。由于北极海岸有巨大的冰盖、冰岛、冰山和浮冰，虽不利于船只航行，却可以干扰卫星的勘测，因此有越来越多的国家摆脱卫星的追踪，使用核潜艇在北冰洋的冰下游弋。这也说明了北极地区战略地位重要。

第二次世界大战过后，北冰洋的战略地位也越显突出，不少国家都加紧对该地区的活动，其中美国与俄罗斯在北极活动尤为活跃。近几年来，美国对北极地区战略利益的争夺可谓不遗余力。

在2009年，美国前总统布什在离任前，再次发布了美国在北极地区的政策，称美国在北极地区拥有根本的国家安全利益，并准备独自或与其他国家一起保护这些利益。这些安全利益包括进行导弹防御和预警；海事活动及安全所需的海上部署和空中系统；海航和飞越北极上空的自由。美国认为在北极地区着重发展，可以加强北极领海权的意识、保护海上贸易以及相关的基础资源。

目前北极领土划分有两种主张：一是俄罗斯和加拿大等国主张按扇形原则进行划分。这一主张是1907年加拿大对北极地区领土提出的划分标准。由于此主张对国土东西跨度大、北部海岸线绵长的国家最为有利，因此遭到了美国、挪威等其他北冰洋沿岸国家的反对。加之在国际法上缺乏理论依据，因此这种主张并没有得到认可。二是根据海底大陆架划分。此主张以1982年通过的《联合国海洋法公约》为依据，对北极地区进行划分，并且此公约已获得150多个国家批准。公约规定，主权国家可以将本国领海基线200海里的范围划为大陆架，并在此范围内行使主权。这一主张得到了许多国家的支持，挪威、丹麦等国家相继向委员会正式提出了划分大陆架的申请。

因此我国在北极争取立足之地也是必然之势，在这片极具重要战略意义的冰雪世界，中国不能不积极参与其中，要在北极大陆占有一定位置。

Part 2

生活在严寒极地的生物

地球的两端虽天各一方，却一样的极其寒冷。在那覆满冰雪的荒原天地，生活着一群机敏、可爱的极地动物。有被誉为“海洋之舟”的企鹅，还有被称为“海洋粮仓”的磷虾，也有世界最大动物鲸鱼，还有北极的霸主白熊。千万年来，它们悠闲自得的生活在这个冰雪世界，为这荒寂的冰原增添了无限生机。

冰原上的“土著居民”：企鹅

企鹅毛色亮丽，步履蹒跚，虽然它们拥有翅膀但却不会飞翔，不过它们是出色的水手，有“海洋之舟”的美称。它们生活在穷极之地的南极，也是最古老的游禽。企鹅在南极居住已有千万年的历史，它们的羽翼可以抵御严寒。在 15 世纪时，有一位法国船长曾见到企鹅，由于它们具有鱼类的特征，能够在水下生活，因此这位法国船长将它们称为“有羽毛的鱼”。

在全世界共有 18 种企鹅，常见的有帝企鹅、阿德利企鹅、戴帽企鹅、金图企鹅四种，它们大多数都生活在南半球。事实上，只有帝企鹅和阿德利企鹅能在南极大陆越冬，其余的企鹅大部分生活在纬度较低的温带地区。

其实在 1488 年，葡萄牙的水手们在靠近非洲南部的好望角时，就首次发现了企鹅，但当时的情况并没有文献记载。直到 1520 年，著名历史学家皮加菲塔最先记载了关于企鹅的资料。

当时，皮加菲塔在乘坐麦哲伦船队航行到巴塔哥尼亚海岸时遇到了大群企鹅，但皮加菲塔并不知晓那就是企鹅，只是根据它们的外貌将企鹅称为“不认识的鹅”。到了 18 世纪下半叶，科学家们经过不断地探索发现，已经确定出 6 种企鹅的名字。直到 19 世纪以后，人们才发现真正生活在南极大陆的只有帝企鹅和阿德利企鹅。

企鹅名字的由来也十分有趣。由于企鹅身体肥胖，又有像鸟儿一样的喙，因而在早期时候，人们将企鹅称为“肥胖的鸟”。后来人们发现这种“肥胖的鸟”经常站在岸边伸立远眺，好像在企盼什么，故将它们称为企鹅。更有趣的是，企鹅站立时的正面，与中国的汉字“企”字非常相似，所以它们的译名就叫企鹅。

企鹅虽然看起来都憨厚可爱、十分逗人，但不同的企鹅还是有很大差异。1953年，人们在斯图尔岛发现了一种相貌特别的企鹅。这种企鹅体态娇小，眼睛上有一簇黄色羽毛，因此人们给它取名为黄眉企鹅。黄眉企鹅主要栖息在新西兰峡湾和斯图尔特岛，那里有茂密的雨林非常适合它们生存。然而地球环境的变化以及人类带来的外来动物，对它们构成了严重的威胁。如今世界上仅剩3000对黄眉企鹅，已经处于濒临灭绝的边缘。因此，人们将黄眉企鹅列入《世界自然保护联盟》濒危物种。

1844年人们给帝企鹅定名。帝企鹅是所有企鹅中个头最大的企鹅，它们的身高一般在90厘米左右，有些企鹅甚至高达120厘米。帝企鹅后背及四肢皆为黑色，腹部雪白，颈部和耳后有橘色的毛，看起来威风凛凛，十分骄傲，因此它被称为“企鹅之王”。

在南桑威奇群岛、南极洲、南乔治亚岛、布韦岛、巴勒尼群岛和彼得一世岛等地还生活着一种样貌特别的企鹅。它们的脖子底下有一道黑色条纹，像海军军官的帽带，因而人们称它为帽带企鹅。帽带企鹅看起来威风凛凛、刚毅勇猛，因此也有人赋予它们“警官企鹅”的美称。

别看企鹅在陆地上总是呆头呆脑，走起路来一摇一摆，遇到危险时，连滚带爬、狼狈不堪，但它们在水里却是极其敏捷的。企鹅短小的翅膀在水里如同一双有力的“划桨”，它们能够达到每小时30千米的游速，只是眨眼的工夫，这些敏捷的企鹅就已经消失在人们的视线当中了。

帽带企鹅

企鹅有着眷念故土的本性。即使把它带到千里之外的地方，它也会想方设法回到它的家乡。除此之外，企鹅还非常专一，它们实行一夫一妻制。每当6月底或7月的最后两个星期，成年企鹅就会找寻它的伴侣，完成繁衍的重要任务。当两只企鹅结成伴侣后，它们会建立一个隐秘的巢址。雌企鹅会在沿海树林的树底下产下两颗蛋，随后再交由雄企鹅孵化。此时，孕育小企鹅的重任就交给了雄企鹅，而雌企鹅则会下海觅食，并把食物带给雄企鹅。

雄企鹅的腹部有一块皱长而温暖的肚皮，它把企鹅蛋稳放在脚背上，然后把这块长肚皮拉下来盖在企鹅蛋上，以便给小企鹅足够的温暖。在孵蛋期间，为防止小企鹅蛋掉出来，雄企鹅必须双脚紧并，用尾部作为支撑点，分散两脚承受的重量，小心翼翼地行走。在经过一个多月的孵化后，小企鹅才会破壳而出。通常孵化的小企鹅只有一只，偶尔也会有两只都孵化的情况。刚出生的小企鹅还不能独自活动，因此它依然躲藏在雄企鹅的肚皮下，偶尔在雄企鹅的脚背上变换个姿势。

雌企鹅除了要捕获自己的食物，还要为家庭储备食物。通常雌企鹅会在近海捕捞些甲壳类、乌贼和小鱼吞到肚子里，然后返回它的巢穴，把食物吐出来，喂给自己的孩子。在经过两个月的往返之后，企鹅父母已经筋疲力尽，而此时小企鹅也长大了。在小企鹅换毛之后，它就可以自己出海捕鱼了。

企鹅具有很强的好奇心理，它们在陆地上行走时，时常左右张望，对一切事物都充满了好奇。当有人类靠近它们时，这些原本气度不凡的企鹅，就会望风而逃。在确定安全后，有的企鹅会表现出一副若无其事、东张西望的样子，有的企鹅则害羞地四处张望，还有的表现得慌张失措，模样让人忍俊不禁。

但这些可爱、憨厚的企鹅，如今却面临着生存危机。在19世纪末到20世纪初，人们为了获取帝企鹅身上的油脂，曾大量捕杀帝企鹅，使它们的数量急剧减少。直到20世纪20年代，人们终于意识到这些企鹅已经面临灭绝的危险，因此在1964年南极条约协商国制定了《保护南极动植物区系议定措施》，禁止这种残忍的屠杀行为，对帝企鹅以及其他南极动物给予保护。

截止到2009年，帝企鹅的现存数量不到20万对。自2001年起，人们便将帝企鹅列入《世界自然保护联盟濒危物种》的红色名录中，让帝企鹅受到了保护。不过如今全球变暖现象越发严重，南极企鹅种群的崩溃也随之而来，如果目前的情况没有好转的话，企鹅将在100年后面临灭绝的危险。

南大洋的“粮仓”：南极磷虾

南极虽然地势偏远，但它的海洋生物资源极其丰富。在这片辽阔的海域当中，生活着一群极具南极象征的生物——磷虾。

磷虾，也称南极虾。它有一对又黑又大的眼睛，因此也被叫作“黑眼虾”。磷虾的外形与一般的虾类接近，一般体长6～8厘米，不过它最显著的特点就是具有发光器。磷虾的身体透明，眼柄、胸部和腹部呈现浅红色，具有球状发光器，能够发出微红色的磷光。这也是它名字的由来。

磷虾分布范围广泛，种类繁多，常见的有太平洋磷虾、中华假磷虾和宽额假磷虾3种。

磷虾

磷虾大多成群结队浮游在20～40米的海洋表层中，有时它们也会潜到百米以上，甚至千米的深海中去。由于它的密度较大，因此白天的时候，人们在海洋表层时常能够看到一片褐红色的光斑移动，到了晚上海面则呈现一片荧光，很是壮观。因此，南大洋也有“红色海洋”的美誉。

与普通虾类不同的是，磷虾的营养价值相当高。澳大利亚和阿根廷的科学家曾对磷虾的营养价值做出评估，如果每年打捞7000万吨磷虾，那么就能够为世界30%的人口提供人体基本所需的蛋白质。它也是世界上尚未完全开发、最大的动物蛋白质资源。

近几年来，人们对于磷虾的需求量逐渐增大，因此一些国家已经开始小规模地捕捞磷虾。为保证南大洋的生态平衡又能充分利用这一资源，在1976年国际组织发起了一项长达10年的“南极海洋生物与资源生物学”考察，对南大洋生态系统、磷虾资源等做了精准的研究，并为合理开发海洋生物资源和科学管理提供了依据。

南大洋海域虽然位于穷极之地，但由于环绕南极大陆的寒流，在向北方向流去下沉时，遇到来自太平洋、大西洋和印度洋向南下沉的暖流，从而形成上升流。这股上升流含有丰富的营养物质，且南大洋水暖，因而使微生物大量繁殖，成为磷虾觅食和久居的理想之地。

磷虾主要摄食一种叫硅藻的单细胞生物。尽管硅藻体态微小，但它却和陆地上植物一样有着光合作用的能力。尤为令人惊叹的是硅藻还具有强大的繁殖能力，这让一般的绿色植物望尘莫及。硅藻不仅富有大量的高蛋白营养，同时还含有大量的维生素，并且它散发出的清香味道也是磷虾等小型生物的美食。

磷虾吃硅藻，大型生物吃磷虾，这也形成了一条以硅藻为底层的食物链。

磷虾不仅是点亮南大洋绮丽景色的明灯，也是其他海洋生物及人类的养命之源。虽然磷虾体态微小，但它在南大洋中却发挥着相当大的作用。磷虾不仅是人类所需蛋白质的“储藏库”，也是海豹、蓝鲸、企鹅等生物的重要食物源泉。因此人们赋予磷虾一个特别的称号“南极生物的基石”。

磷虾对于人类来说也具有相当大的意义。一般的海洋生物都带有一股非常难闻的腥臭味，因此人们将它们打捞后，需要用汞对这些捕获物进行处理，以减轻它们与生俱来的腥味。然而，汞含有毒害作用，因而人们对海产品都格外小心，却也无法避免海产品出现食品安全问题。不过，磷虾能够保障人们的安全需求。由于磷虾体内有很好的消化系统，因此它不会腐臭，也不会有腥臭味。因而，磷虾不需要经过汞的加工处理，从而保障了食用的安全需求。

磷虾含有人体必需的 7 种氨基酸和 2 种半必需氨基酸。磷虾不仅肉质鲜美，营养丰富，而且磷虾油还能够起到保护人类心脏、血糖水平、肝、胆固醇水平的作用和抗老化的性能。同时，磷虾油中含有高质量的胆碱，能够促进幼儿的大脑发育，对人体来说有百利而无一害。

磷虾的用途也是非常多样的。人类通常在捕获磷虾后，将磷虾的外壳碾碎，再进行剥离，随后将虾肉加工成肉沫，进行压榨或储藏。虾肉沫可以制作味道鲜美的虾球等美食，虾壳也可以用作饲料等用途。

磷虾是多种鱼类、虾类及海兽等动物的主要“生命源泉”，也是海洋生物链中一个极其重要的环节。在南大洋海域中生活的须鲸类，就以磷虾等小型生物为主要食物。在大西洋的格陵兰岛等海区，生活着大量的磷虾，但那里的鲸类数量也最多。除此之外，一些中、上型的海洋生物，对磷虾的生存也造成了一定的威胁。

然而，对磷虾产生最大威胁的并不是鲸鱼，而是人类。由于磷虾资源极其丰富，因此它也成为人类潜在的食物资源。各国商人已经在南大洋中大量捕捞磷虾。如果人们肆无忌惮地捕杀磷虾，不仅会造成磷虾数量锐减，也会对南极鲸类的存活带来威胁，它们将会由于食物短缺，而造成生死存亡的危机。这就是过度捕捞磷虾所造成的生态系统崩溃的后果，因为在南极海域，大部分海洋生物都是基于磷虾这条最基础的生物链而存活的。虽然人们进一步开发磷虾资源是在所难免的，但人们应该在捕捞时加以控制，以保护南极海域的生态平衡。

在 2013 年，我国学者关于极地的研究取得了新发现，人们首次获取了南极海域磷虾在过去 8000 年的数量变化。这一研究结果，表明自然气候和人类活动成为严重影响磷虾数量和整个海域的生态的原因。不过，近年来，磷虾的数量有大幅度的增长，这主要是因为气候和人类，对磷虾的天敌——海豹、企鹅等动物进行肆意的捕杀，导致磷虾的天敌减少，使其数量大大增长。

南极海域的巨型精灵：鲸鱼

在 5300 万年前，南极大陆一度被森林覆盖，那里生活着恐龙时代的幸存者——哺乳动物和有袋动物。那时的南极还是一片四季花开的温暖乐土，海岸上生活着大量企鹅，甚至还有巨型企鹅。海洋里生活着乌龟、鲨鱼等海洋生物，其中也包括古鲸。但与其他海洋生物不同的是，古鲸曾是在陆地上生活的哺乳动物。

最早的鲸类并不生活在海底，它们和其他哺乳动物一样拥有四条长而有力的腿，生活在这片鸟语花香的陆地。然而，随着气候的变化和地球的运转，南极这片温暖、舒适的土地逐渐变得寒冷，海平线也逐渐上升。这样的变化使很多动物不能适应，它们必须迁徙到另一个适合生存的环境。于是，鲨鱼和海龟潜入海底，向北游去；企鹅凭借着脂肪和羽毛抵御严寒；而古鲸在陆地上遮无避体，万般无奈之下，一部分鲸潜入近海，以此逃避海岸的严寒。

随着时间的推移，南极大陆已经被冰雪覆盖，而鲸类在逃到近海后，它们慢慢适应了水中的生活，并且它们的形态也逐渐发生了变化。鲸的前腿逐渐退化为鳍状肢，而后腿和臀部逐渐退化成一条绵软的尾巴。漫长的海底生活让鲸的爪子完全变成了鱼鳍，而退化的尾巴也变成一条扇子形状的有力鱼尾，最后它们完全可以在深海生活了，成为海洋里少有的哺乳动物。瑞典科学家曾发现了古鲸的化石，经过研究表明，鲸鱼确实是由陆地生活进化到海洋生活，而这中间进化的过程仅有 400 万年。

鲸类也俗称鲸鱼，然而它并不属于鱼类。鲸类属于哺乳动物，证明这一特征的最有利的证据是，鲸鱼跟人类一样都具有鼻孔，用肺呼吸；而且鲸鱼在繁衍时，与鱼类不同，鲸类直接产下幼鲸，而非下产鱼卵；当鲸鱼生下幼鲸后，需要给幼鲸进行哺乳。这些特征恰恰验证了古鲸曾在陆地上生活。

经过数百万年的进化，鲸类已经成为这片辽阔海域的主宰。鲸鱼的种类繁多，其中有号称“动物之王”的蓝鲸、“海上霸王”的虎鲸、“潜水能手”的抹香鲸、“会唱歌”的吻鲸等等。其中鲸类之中体态最大的要数号称“动物之王”的蓝鲸。

蓝鲸不仅是海洋里最大的动物，也是迄今为止哺乳动物中体态最大的动物。一头成年蓝鲸的长度能够媲美一些中世纪的恐龙，而这些恐龙的重量却远不及它。成年蓝鲸的体重能够达到 150 ~ 240 吨，相当于 25 头成年大象的体重。仅是蓝鲸的心脏，就与一辆公共汽车的重量差不多。如果蓝鲸张大嘴巴，它舌头上能够站下 50 个人，可见它体态的庞大。

尽管蓝鲸生活在海洋里，但它同其他哺乳动物一样用肺呼吸。鲸鱼的肺非常庞大，重达 1000 多千克，能够容纳 1000 多公升的空气。正是有如此庞大的肺活量，因此它的呼吸次数也大大减少。每过 15

分钟，鲸鱼才会浮出水面呼吸一次。它们将肺内存储的二氧化碳等废气从鼻孔排出去，然后再吸入新鲜的氧气。每当鲸鱼在进行换气的时候，它体内的灼热气流也会随之从鼻孔喷出，从而喷射出高达十米左右水柱。远远望去，湛蓝的海面上涌出一股雄壮的水柱，宛若一股海上“喷泉”，与此同时还伴随着像火车鸣汽笛的呜呜声，场面十分壮观。

鲸鱼在潜水时，一般不会潜入深海。通常它们都在不超过 100 米的海洋表层，偶尔也有鲸鱼会潜入 500 米左右较深的区域，不过当它再次浮出水面时，就会接连发起 8 ～ 15 次的喷气。

一般鲸鱼在潜水的时候，是不会将尾巴升高的，但蓝鲸却完全相反。它不仅喜欢把尾巴高高抬起，还喜欢跃出水面，随后再猛地一下扎入海里，前去觅食。平时它也喜欢扇动尾巴，拍打海面。而这样的行为，可能是自娱自乐的消遣，也可能是吸引伙伴的注意，还有可能是在驱赶身上寄生虫的骚扰。

蓝鲸

鲸鱼喜欢独来独往，大多时候它们都会各自行动，或是两三头结伴同行，很少会有成群结队的一起活动。不过这样的行为并非没有，曾经有人见过 50 多头鲸鱼一起结伴而行，场面之壮观不言而喻。

一般情况下，鲸鱼都会和自己的伴侣一起活动，它们彼此和睦，一起嬉戏、一起觅食，形影不离，好不快活。它们游过的区域常常会留下一条宽宽的水道。三条鲸鱼一起活动时，大多数是一个家庭。雌鲸和幼鲸紧紧依偎在一起，雄鲸则在身后保护它们，看起来非常幸福、和睦。

有科学家指出蓝鲸是全世界声音最大的动物。因为它在与同伴联络时，会发出一种震耳欲聋的声音。而这种声音有时能超过 180 分贝。这就如同人类站在机场时，听到的喷气式飞机起飞发出的声音。曾有一种敏锐的探测仪器，在 80 千米外的海域检测到蓝鲸上的声音。通过分机与蓝鲸的距离，得出声源可达到 155 ~ 188 分贝。

在斯里兰卡海岸外，人们曾意外发现蓝鲸发出断断续续的“歌声”。那是一种四个音调的“歌”， 每次持续两分钟，于是人们很快想到了驼背鲸之歌。科学家认为，这样的现象不应该在其他种族中出现，但一时间科学家也找不出答案。为了探究这一原因，在 20 世纪 60 年代，一些科学家将大量扩音器放入海洋之中，以记录蓝鲸的歌声。可是 40 年之后，一些研究蓝鲸唱歌的科学家却发现了一个奇怪的现象，这世界上所有的蓝鲸的歌声，一年比一年低沉，而这其中的原因他们并不清楚。

有科学家认为这是因为全球气候变暖和噪音污染不断加剧造成的。相比之下，噪音污染的说法更具有说服力。假设蓝鲸的低鸣是因为无法忍受污染噪音带来的痛苦，人们更应该对它们施以保护的援手。

北极冻原上的霸主：北极熊

在冰雪天地的北极，生活着一群憨态可掬的动物，那就是北极熊。北极熊可以称为北极的象征，它是世界上最大的陆地食肉动物。它们皮肤黝黑，身上覆盖着透明的毛，但在阳光的折射下，这些毛呈现一种雪白色，因此它也被人们称为“白熊”。

不少影视作品中赋予了北极熊可爱、俏皮的模样，事实上它们是十分凶猛的动物。在挪威斯瓦巴德州州府朗雅的贵宾候机厅里，挂着一幅极具形象特点的画：一头威武雄壮的北极熊，瞪着一双滚圆、贪婪的眼睛，大摇大摆地向人们走来。在这幅画的下方，警务人员贴出了标语：“带好你的武器，以防北极熊的袭击。”有人说，北极熊在极度饥饿的状态下，会将活人当作美食吞入肚子。事实上，也不完全如此，大多数的北极熊十分温驯，并不会恶意伤害人类。

动物学家赫斯曾特地前赴北极，探索北极熊神秘的生活习性。这位动物学家在万丈冰川的赫德森海湾西岸靠岸后，开始在这里安扎营地，随后开始了对北极熊的调查。在这里，赫斯时常能够看到数百头北极熊游弋到巨大的浮冰上面；到了夏季，冰雪融化，这些北极熊才会回到陆地上。

赫斯乘坐着狗拉雪橇，前往调查的目的地。当他抵达后，发现了一串北极熊的脚印。于是，他一路追随着这串清晰的脚印来到了一座小冰坡。在这里他发现了一个幽暗的洞穴，里面露出一个雪白、毛茸茸的脑袋。这是一头母熊。此时它正瞪着滴溜溜圆的眼睛，好奇地注视着赫斯。

赫斯感到非常的惊喜，这是十分难得探索北极熊的机会。于是，他冒着生命危险，匍匐到洞穴附近，将自己和相机隐藏白雪当中。他的同伴则举起猎枪，埋伏在赫斯身后，防备北极熊的突然袭击。

过了一会儿，两头北极熊从洞穴里探出头来。这两头熊身体娇小，显然是成长中的幼崽。两头熊争先恐后地爬到洞穴口，摇晃着浑圆的脑袋四处张望，模样煞是可爱。这是一个千载难逢的机会。赫斯抑制住内心的狂喜，小心翼翼地移动身体，将相机摆到合适的位置，按下快门记录下这一组珍贵的照片。就在这时，母熊从洞穴里走了出来，摆出攻击的架势。赫斯赶忙将提前准备好的肉扔向母熊表示友好，这才让母熊放松下来。接着，他们又扔了许多食物，北极熊只顾低头嚼咬美味的食物，不再警惕赫斯等人。赫斯大着胆子，趁机抚摸了下小熊的脑袋，岂料这一举动却惹怒了母熊。它挥舞着前爪，摆出准备攻击的姿势，同时嘴里还发出吱吱的尖叫声。赫斯知道这是一种警告，于是立即停止了这方面的试探。

通过这次探索和考察，赫斯发现北极熊并非人们想象的那么凶猛。它们以家庭为单位和睦的生活。但有时北极熊辛苦捕获到的食物，也会被其他北极熊觊觎。如果对方是身强体壮的大公熊，一些身型较小的熊则会放弃食物，溜之大吉。要是正在哺乳期的母熊遇到抢夺食物的大熊，它也会为了自己的孩子，和大公熊战斗一番，捍卫自己不易得来的食物。

事实上北极熊的性情并不粗暴，在人类不侵犯它们的时候，北极熊甚至能和人类亲善友好。

北极熊分布在北冰洋的冰山、岛屿一带，它们体形硕大，约是四五个成年男人的体重。尤为值得称赞的是它们具有和人类相当的视力，嗅觉也相当敏锐，是狗嗅觉的 9 倍，并且它们的速度非常快，能够达到每小时 60 千米。因此，当北极熊发现猎物时，便会以雷霆之势冲到猎物面前，迅速捕获猎物。

赫斯在考察期间，就亲眼目睹了北极熊捕猎的精彩画面。当时一头北极熊正爬在冰上，它瞪着一双炯炯有神的眼睛，警惕地注视着前

北极熊

方。原来在前方100米左右的地方，趴着3头海豹。它们懒洋洋地卧躺在浮冰上，沐浴着午后的阳光，时不时地抬起脑袋，观察四周的情况。然而它们并没有发现躲藏在后身的北极熊。北极熊悄悄地抬起身子，观察猎物的动态。随后，便把自己隐藏在白雪之中，匍匐向猎物前进。它看准时机，倏地一下从雪地中跳了出来，一下子就跃到了猎物面前。伴随着海豹的一声尖叫，海豹本能地想要钻到冰窟里去。海豹迅速地把头钻到冰窟当中，以为这样就可以逃过一劫，却不想肥硕的屁股，被北极熊一口咬住，紧接着整个身体都被北极熊拽了出来，成为了它的盘中餐。

北极熊在狩猎方面有独到的技巧，当它在捕猎地面上栖息的海豹时，便会立即跳入冰冷海水中，潜游到猎物身边。随后以迅雷之势，猛扑猎物，这常常使毫无防备的海豹成为北极熊的囊中物。因此，北极熊也被人们称为“出色的水手”。到了冬天，北极熊则会选择“守株待兔”的方式，耐心地守在冰窟附近，只要猎物一露面，就会立刻被它俘虏。

在这个覆满冰雪、寒气逼人的天地，北极熊依然能够逍遥自得的生活。这是因为北极熊的皮毛非常厚，而且体内还有一层厚厚的脂肪，能够抵御严寒，这让它们可以整年游弋在这个极其寒冷的区域。不过，北极熊时常也会在水下觅食，加上它们是天生的游泳健将，早期人们还误以为它们属于海洋生物，也有人叫它们“海熊”。事实上，它们是名副其实的陆地动物，也是陆地上最庞大的动物。

雪地上的精灵：北极狐

在寒冷的北极，除了居住着“陆地霸主”北极熊外，还生活着一群机敏、睿智的动物，那就是北极狐。北极狐也被称为蓝狐、白狐。

它们身型娇小，体长52厘米左右，有一条20厘米左右长的大尾巴，模样十分可爱。因为它的脚与野兔脚很相似，因此它的学名也被译为“野兔脚的狐狸”。

北极狐在夏天有着较为稀少的银灰色脊背毛，而面部、腹部和脊背两侧则呈现灰白色；在肩部有着黑灰相间的毛发。不过到了冬天，北极狐全身的毛发都会变成白色，与周围的白雪浑然一体。

北极狐主要分布在北极范围内，加拿大、阿拉斯加、格陵兰和斯瓦尔巴群岛等地皆有北极狐的身影。北极狐的绒毛既长又软且十分厚重，因此它们能够在零下50℃的极地生活。不过也正因如此，北极狐成为了人类捕杀的对象。

自古以来，人们对于狐狸并无好感，这是因为狐狸天性机敏且狡猾。尽管如此，人们对于狐狸皮的需求却只增未减。狐狸皮毛十分光滑、柔顺且保暖性十分好，这也加剧了人类对狐狸的猎杀。人们将狐狸皮毛制作成狐皮大衣，不仅能抵御严寒还能凸显高贵的身份，荣耀万分。不过狐皮的品质也大有不同。越往北，狐皮的质量越好，价值更高，从而北极狐就成为了猎人的捕获对象。

虽然北极狐身处严寒之地，不过它们在捕食方面也有独特的方法。它们主要靠捕捉一些旅鼠、鱼、鸟、北极兔、鸟蛋、贝类等动物为生。到了秋天，北极狐也会摘取一些浆果补充体内的维生素。

北极狐世世代代都居住在这片雪域草原，在人类猎捕它们之前，北极狐才是北极草原的真正主人。它们头脑聪敏，身体灵活，在北极草原上几乎没有天敌，因此它们在这里过着逍遥自在的生活。虽然北极狐不能对驯鹿那样的大型食草动物发起攻击，但它也是当之无愧的出色猎手。

北极狐主要捕捉的猎物还是旅鼠。当它发现旅鼠时，就会极其准确地跳起来，然后朝目标猛扑过去，一把将旅鼠狠狠按在地下，再一

北极狐

口吞掉。在冬天时，北极狐就会用另一套捕猎方法。它可以根据气味和旅鼠尖叫声判断旅鼠的窝点，然后迅速地挖掘被积雪覆盖的旅鼠窝，等把雪面挖薄以后，北极狐就会高高跃起，然后借助重量，用腿把雪做的旅鼠窝压塌，将里面旅鼠一网打尽。尽情享受它丰盛的美餐。

不过当旅鼠出现大量死亡的情况时，北极狐的数量也会大大减少。由于缺少食物，一些北极狐为了生计也会远走他乡，到外界去觅食求生；而有些北极狐，则会在这时候染上一种叫“疯舞病”的怪病。那是一种很特殊的精神病，狐群在染病后，会变得异常兴奋和激动。它们往往不能控制自己，四处乱闯乱撞，甚至会攻击遇到的狗或狼。这些得病的狐狸，几乎在度过第一个冬天后就死亡了。这时候，当地的猎人就会不费吹灰之力地捡走它们的尸体，再取其皮毛。

北极狐非常的聪敏，它们为躲避其他动物的攻击，往往会选择在丘陵地带筑巢，并且挖出多个出入口，以方便逃生，因此人们常常用狡猾来形容它们。北极狐每年都会定期为它的巢穴进行维修和扩展，以确保能够长久居住。夏天食物充足时，它们会将部分食物储备在巢穴里。到了冬天，北极狐将储存的食物消耗殆尽时，它们也会爬出洞穴，悄悄地跟在北极熊身后，拣食北极熊的残羹剩饭。因此，在北极的严冬，时常能看到两三只北极狐悄悄尾随在北极熊身后。不过，在北极熊非常饥饿时，北极狐就会成为它的猎物。

北极狐不仅是出色的猎手，也是“向导专家”，它们具有很强的导航本领，因此北极狐能够进行长距离的迁徙。每逢冬天，北极狐就会离开自己巢穴，迁徙到 600 千米外的大西洋海岸附近。它们在迁徙过程中，每天能够前进 90 千米，短短几天它们就能到达新的环境，等到来年夏天再返回家园。在狐狸种群之中，雌狐狸具有严格的等级分别，它们当中有一只为首的狐狸可以任意调配其他的雌狐。此外，狐狸的领域意识也很强，它们享用的领地和区域会与其他狐狸相接，但很少重叠。

在北极的海岸，除白狐以外还生活着天蓝北极狐。它们一年四季全身都呈蓝灰色，这是因为天蓝北极狐长期生活在北极海岸，与环境相适应的结果。蓝灰色的皮毛与湛蓝的大海相应，起到了隐蔽的作用。

科学家经过研究发现，蓝色狐的父母，可以同时拥有白色和蓝色毛发的小狐狸；白狐的父母，只有白色或混合色的小狐狸。这是因为白狐和天蓝狐没有根本的种族界限，它们往往会在一起同住。如果白狐与天蓝狐进行交配，生出的小狐狸可能是白狐也能是天蓝狐或者两种都有。

由于北极狐的皮毛价值昂贵，因此猎人曾一度对其进行大量猎捕，导致北极狐的数量大大减少。不过为保护北极的生态环境，联合国已经将北极狐列入《世界自然保护联盟》并制止了对其的猎杀。近几年来，北极狐的数量有明显增长，可见人们已经意识到保护动物的重要性。

冰原的狼族：北极狼

在昏暗而寒冷的冰原上，时常能够看到急速奔跑的狼群。这些狼居住在世界上最荒凉的地域——北极，因此人们叫它们北极狼。北极狼是冰河时期的幸运儿，它们已经在这片冰原生活了 30 万年。

北极狼与普通的狼群大为不同，它们具有十分厚重的皮发，来抵御北极的严冬。在这片荒凉、寒冷的冰原里，北极狼不仅要承受严寒的风雪，还要遭受长达 5 个月的黑暗，数周没有食物的恶劣生存环境。到了第二年 4 月，北极才会慢慢回暖，冰雪开始融化，天空变得明朗。到了五六月份，植物钻出泥土，动物开始活跃。这时候，北极狼就会悄悄地将自己藏匿起来，等待着猎物的出现。

狼是群居动物，它们会和个性相合的狼组成一个大家族，每个家族成员有 20 多头。这时候，它们会选择最优秀、强壮的雄狼作为家族的首领，由它带领着家族占领领土和捕猎。它们主要捕猎的动物是驯鹿或麋鹿，不过在食物缺少的情况下，它们也会捕捉鱼类、旅鼠、海象和兔子，偶尔也会进攻人类和其他的动物。北极狼在捕猎的时候，喜欢集体出动。狼首领会带着几头健壮雄狼躲藏在树林当中，它们会选择弱小或年老的驯鹿作为攻击目标。这时候，北极狼会从不同的方向包围住猎物，然后再一点点逼近，等到时机成熟，狼群便一起发动进攻；如果猎物企图逃跑，那么它们便会穷追不舍，为了保存体力，它们会分成几个小队，轮流对抗猎物，直到顺利捕获到猎物。

北极狼狩猎

除此之外，北极狼的阶级划分十分严格。事实上，狼首领是一个独裁者，狼群在捕获猎物之后，狼首领拥有先享用的权利，随后分给其余的狼成员。不仅如此，狼首领还可以和任意雌狼进行交配。不过，通常都会被雌狼当中最优秀的狼阻碍。其原因是为了孕育更优秀、健壮的小狼。

尽管北极狼十分凶恶，但它们对自己的后代却表现出无微不至的关怀。每年母狼都会生下七八头小狼，偶尔也有 12 ~ 14 头的现象。母狼在怀孕后，会为自己筑造一个新的巢穴，但如果地面被冻，它们就会回到自己原有的旧窝，然后顺利地生下小狼。刚出生的小狼有着雪白的毛，它们会紧紧地挤在一起，安静地躺在窝里。

母狼在这个时候，几乎寸步不离，悉心照料着小狼。一个月后，母狼便开始训练它的孩子咀嚼食物。再过半个月，母狼就会将捕获的小动物带回洞穴，让它的孩子练习活捉食物。在此期间，狼族的其他成员也会帮助母狼喂养小狼。

当小狼长大以后，它们就担任起捕猎和防卫家园的任务，当遇到其他的狼群攻击时，它们也会拼命抵抗，绝不屈服。狼在两岁时就已经成年，此时它们当中最强壮的那个便会找狼首领提出挑战，如果它能挑战成功，那么它将会成为新一代狼首领。

在广袤的冰原上，几乎没有什么动物能与北极狼抗衡，它们的主要敌人就是人类。由于人类时常要砍伐树木，建造工厂，这使北极狼失去了居住的地方。不过，导致它们面临濒危境地的，主要是那些威胁它们生命的偷猎者。每年至少有 200 头北极狼被人类残忍捕杀。在 2012 年，北极狼被列入《世界自然保护联盟》濒危物种的名单。

Part 3

地球两极奇异自然现象

自古以来，人类对于遥远的极地就充满了热情。为此，近百年来，有无数的探险家前赴后继，前赴两极探索它的奥秘。历代探险家乘风破浪，历经千难万险，最终抵达那偏远、险阻的穷极之地。人们在这里，不仅掀开了极地的神秘的面纱，还见到了两极绮丽、令人叹为观止的自然景色。

美不胜收的南极幻日

在寒冷的极地，当我们举目远望天边的朝阳时，有时会看到一种奇特的自然景象——太阳的周围被光圈环绕或同时出现三个太阳。科学家将这种奇特的现象赋予了一个幻美的名字——环天顶弧，也叫幻日弧光。

根据科学家研究发现，幻日主要是大气中的一种光学现象。在严寒的极地高空，分布着大量微小的六角形冰晶。每当朝阳或日落之时，这些微小的冰晶体就会聚集在太阳附近，形成一面三棱镜，使太阳光发生折射现象，从而形成环绕太阳的“日晕”，当冰晶体下沉时，它们会整齐地排列成排，从而使太阳沿水平线朝右折射 22°，而此时从冰晶体折射出的光三道光线，就会呈现在人们眼前，形成三个太阳的幻象。事实上，只有中间的太阳是真实的，旁边的太阳不过是太阳的虚像。

幻日

不只是极地才有幻日现象，我国也曾出现过幻日现象且有文献记载。早在西汉时期，刘安就在《淮南子》中写道："尧时十日并出，草木皆枯，尧命后羿仰射十日其九。"不过，当时由于古人身处封建社会，因此认为幻日现象是神话传说，或是不祥之兆。事实上，这只是一种自然界的光学现象。

在 2010 年 7 月，英国伯恩茅斯海滩上就出现了这样一幅幻美的景象：天边的太阳被一圈神秘的光晕所环绕，好像一只"金色的眼睛"俯瞰着大地。其实这是幻日的另一种形式，人们将这种现象称为"日晕"。日晕的出现吸引了许多人，大家对这一奇特的景象充满了惊讶和兴奋，都想把这幅景象拍摄下来。然而普通的相机并不能拍摄这一奇观，因此只有当时在场的专业摄影师，才获得了收藏这一罕见的景色的宝贵机会。

其实近几年，我国各地区也出现过幻日的景象。不过，幻日现象持续的时间并不长，一般只有几分钟，有时也会长达几十分钟。这是由于空中的云移动较快，当云彩遮挡太阳时，幻日现象也随之消散了。

令人沉醉的幻美极光

在地球的南北端点，那里虽然常年被积雪覆盖、苦寒无比，但却拥有绮丽、奥妙的瑰丽的景色。在极地的漫漫长夜中，时常能看到天空绽放七彩的光芒，那就是极地的特有景象——极光。极光千姿百态、形状各异，它时而像轻歌曼舞的妙丽女子；时而像墨水在水中晕开；时而像螺旋形状的彩带；时而像迅猛的闪电，消失在这寂静的夜色之中。毫不夸大地说，在这个世界上，恐怕再也没有与之相同的极光形体。

从理论来讲，极光是出现在地球极地高纬磁地区上空的一种绚烂多姿的发光景象。北半球的极光被称为北极光，南半球的极光则被称为南极光。就物理学角度而言，极光是由地球磁层或太阳的高能带电粒子流（太阳风）使高层大气分子或原子激发（或电离）而产生。

虽然极光的形状千姿百态，但人们还是将极光按照形态特征分成了5种：底边整齐微微弯曲的圆弧形状的极光弧；曲折蜿蜒的飘带状极光；如同云朵的片状极光片；如同幔帐般均匀的极光幔；沿磁力线方向呈射线状的极光芒。

由于极光的形态千姿各异，因此不同的地域和国家，有关水极光也都流传着不同的传说。

极光一词的起源来自于拉丁文伊欧斯一词。相传，伊欧斯被誉为希腊神话中朝霞的化身，她是泰坦神族的后代，是太阳神阿波罗和月亮女神狄安娜的妹妹。同时，她也是操控和孕育风、黄昏等星辰的母亲。

极光

但关于伊欧斯的传说并非这一种，还有人说她是射手座的妻子。一些艺术家将年轻和美貌赋予给伊欧斯，因此在很多艺术作品中，我们能够看到她时而飞速疾驰；时而乘坐飞马从海中腾空而起。有时她还被描述成是一位手持大水罐，伸展双翅，向世上滴洒朝露的女神，如同我国佛教故事中的观音菩萨，于人间普洒甘露。

在我国古代也有对于极光的记载。虽然当时还并未出现“极光”一词，但通过古人的描述，我们也能够得知。我国古人根据极光形态各异，分别以“天狗”、“刀星”、“蚩尤旗”、“天开眼”、“星陨如雨”等诗句描绘极光的变化。不过，这些记载多数来自史书的星象、妖星、异星、流星等描绘。

我国古书《山海经》中也有关于极光的记载：“人面蛇身，赤色，身长千里，钟山之神也。”这句话就是在描绘极光的神奇景色。除了史书上的相关记载外，各地还有相关的神话传说，其中有一则神话故事一直流传至今。

传说，在2000多年前的一天，当太阳西落时，夜晚张开它黑色的翅膀，将神州大地、高山、流水、树柏、山丘等所有的一切全部覆盖在黑暗之中。当时，有一个名叫附宝的年轻女子独自坐在旷野上，她的眼睛如同一湾秋水，闪耀着火一样的激情，显然被这片清幽的绮丽景象所吸引。这时，大熊星座中突然飘洒出一缕七彩般的光带，如烟似雾，左右摇曳，时动时静，如同行云流水般，最终形成一个巨大无比的光环，萦绕在北斗星的四周。眨眼间，光环的亮度骤然增加，在这黑如绸缎的夜色中，如同一轮皓月悬挂在天空之中，就连大地也被渡上一层银色的光华，整个原野都被照亮了。周围的一切清晰可见，又恢复了往日的生机。附宝看到这一情景，心中不由一动，此后便身怀六甲，最后生下了一个儿子。而这个孩子就是传说中的黄帝轩辕氏。

这些传说都是人类对极光的美好想象，人们更愿意相信，这神奇的瑰丽景色能够给看到的人带来幸福。不过，当我们站在科学的角度去看待这一现象时，又会得出不同的解释。

在科学还不发达的时代，人们曾有很长一段时间对极光产生的原因争论不休。有人认为极光是地球外部燃烧的大火，因为极地接近地球边缘，所以能清晰地看到这种火光。也有人认为极光是太阳西落后，透射返照出的辉光。还有人认为，由于极地世界被冰雪覆盖，因此冰雪在白天吸收太阳光进行储存，夜晚降临后再全部释放，从而形成极光。众说纷纭，无一定论。直到 20 世纪 60 年代，随着科学技术进步和发展，将地面观测结果和卫星、火箭探测到的资料相结合，最终得出极光产生的物理性定论，也就是现在书中对极光的定义。

虽然人类对极光给予了美好的愿望，然而事实并非如此，极光会给人类带来严重的危害。在 1972 年，极光所产生的强大感应电流，曾使加拿大的一台 23 万伏变压器炸毁，使美国缅因州到得克萨斯州的一条高压输电线直接跳闸。而最令人意想不到的是，早在 1853 年，极光产生的强大电流，竟然让波士顿的电报不使用电池直接发到了波兰。另外，极光也会对人造卫星、航天飞机、火箭、无线电等通信设备进行干扰。同时，极光的光环还会对人造卫星上的一些光学仪器产生影响，除了会中断电话、电报的传递之外，还会影响无线电广播和雷达的导航。由此可见，极光和通信广播、空间探测、宇宙航行之间有着密切的关系。

尽管极光对人类的生活存在不小的威胁，但近年来，人们通过观测火箭、人造卫星来直接或间接测定磁层和极光之间的关系，已经着手研究极光现象的产生和变化的规律，这一科学探索对空间科学、能源科学都有着重要意义。随着科学技术的不断发展，相信人类终有一天能够将极光强大的自然能量，转为人类所用，让极光现象造福人类。

变幻无穷的海市蜃楼

自古以来，海市蜃楼就被人们熟知。蜃楼不仅充满神秘，更被人们赋予了“仙境”等美誉。古代先人曾亲眼目睹海市蜃楼现象并记录在册。

《史记·天官书》中就有对蜃楼现象的记载：“海旁蜄（蜃）气象楼台；广野气成宫阙然。云气各象其山川人民所聚积。”司马迁生动地描绘了蜃楼现象：在深海中，住着一只牡蛎，它喷出的雾能变化成高台楼阁；它喷的气体变成富丽堂皇的宫宇，许多人生活在这楼阁、宫宇之中，呈现出一片祥和、安宁的景象。

事实上，司马迁笔下灯火辉煌的祥和景象并非真实，只是一种光学现象。就科学而言，当沙质或石质地表热空气上升，使得光线产生折射作用，也就是海市蜃楼。蜃景的种类很多，根据它出现的位置相对于原物的方位，可以分为上蜃、下蜃和侧蜃；根据它与原物的对称关系，可以分为正蜃、侧蜃、顺蜃和反蜃；根据颜色可以分为彩色蜃景和非彩色蜃景等。蜃楼现象并不稀奇，在盛夏季节的海面、沙漠中时有发生，甚至在柏油马路上，也能偶尔看到。

在盛夏时节，太阳光直射地表，使柏油路的热面空气上升，从而使人们能够在远处看到前方呈现路面倒影的幻象。如同有水在路中央，反射出当时的景象，然而当人们靠近时，这种现象又随之消失。这就是蜃楼现象。

在我国古代时期，科学并不发达。因此人们看到这种奇异景象时，往往会将它赋予“神力”。在战国时期，古人对“神仙学说”十分推崇，因此方士们便将海市蜃楼现象加以渲染，说海中有三座仙山，山上有长生不死药。秦始皇在听闻此事后，找来一个名叫徐福的方士，询问海市蜃楼的事情。徐福为获取利益，因此便说那三座仙山分别名

海市蜃楼景象

为蓬莱、方丈、东瀛，那里的一切生灵都是白色，仙山的宫阙皆用黄金、白银所砌，只要到达了仙山就能够找到长生不老药，获得和仙人一样的寿命。秦始皇信以为真，想要派人去仙山取得不老之药。徐福自知根本没有不老药，于是对秦始皇说，海中有守护仙山的鲛鱼，凡人不能到达。后又对秦始皇说：仙山的神仙觉得秦王进献的宝物微薄，因此只能看到蜃楼而不能登上蜃楼。秦始皇信以为真，曾派徐福下海寻找仙山，最终无果。

《十洲记》记载：当年，秦始皇暴虐、残忍，很多官员和百姓或枉死在咸阳城，或横尸路边。当时有一种长得像乌鸦却通灵性的鸟，不忍这些无辜的人白白丧命，千里迢迢衔来不死草盖在他们的脸上，一会儿工夫，那些已死之人就立刻活了过来。当地的官员见了，便把这件事情禀告秦王，希望能够获得奖赏。秦始皇听说后惊异不已，便拿着不死草前去拜访学识渊博的鬼谷子。鬼谷子告诉秦王，此草名叫不死草，它生长在东海的仙岛上，能够使死人复生。秦始皇听闻后，便传召徐福，命他带人前去寻找。但徐福离开咸阳城后，就再也没有回来。后人猜测，徐福知道无法找到蜃楼，于是带着秦王赠予的大量金钱，逃离了秦国。唐戴孚撰《广异记》也有相同记载。

不只是《十洲记》、《广异记》对海市蜃楼存有记载，明朝尚书袁可立曾在《观海市》中形象的描绘了蜃楼的奇异景象“仲夏念一日，偶登署中楼，推窗北眺，于平日苍茫浩渺间俨然见一雄城在焉。因遍观诸岛，咸非故形，卑者抗之，锐者夷之；宫殿楼台，杂出其中。谛观之，飞檐列栋，丹垩粉黛，莫不具焉。纷然成形者，或如盖，如旗，如浮屠，如人偶语，春树万家，参差远迩，桥梁洲渚，断续联络，时分时合，乍现乍隐，真有画工之所不能穷其巧者。世传蓬莱仙岛，备诸灵异，其即此是欤？”

随着科学的进步和发展，人们意识到“三仙山”景象就是光学现象，而“仙岛、仙山、仙人”，以及“长生不老药”并不存在。我国山东蓬莱海面上，因为热度高升出现蜃楼现象并不少见，然而在极其严寒的南极，竟也出现了罕见的海市蜃楼景象。

由于极地遍布白雪，当太阳光直射地表时，照射到白雪的光线经过曲折反射就呈现出颠倒的蜃景。

在 2009 年，格陵兰的“极地曙光”号在进行南极考察时，竟遇到了难得一见的蜃景。在 2009 年 7 月，“极地曙光”号驶离彼得曼冰川，向北冰洋进军。当“极地曙光”号穿过奈尔斯海峡，行驶到凯恩海湾附近的海域时，“极地曙光”号竟然遭遇了蜃景。当时航线的前方出现无数座冰山的幻影，这使“极地曙光”号无法分辨出航线，无法前进。不过，驾驶“极地曙光”号的船长安内，拥有 30 多年的航海经验，他一下子就明白了眼前的景象是海市蜃楼。安内说，在盛夏时节，由于海面空气的温度明显比高处空气的温度高，因此使海面产生蜃景现象。由于“极地曙光”号遭遇了海市蜃楼，使他们只能暂时停泊在凯恩海湾内的奈加德湾。尽管如此，安内船长在根据雷达卫星探测后，还是找到了正确的航行路线，顺利完成了航行任务。

海市蜃楼现象能够误导人们的视线和感官，这使人们在遇到蜃景时，容易迷失方向，无法前进。不过，要想克服海市蜃楼的幻境并不难，只要人们站到一个高出地面 3 米左右的地方，就能避开贴近地表的热空气，而蜃楼的幻境也随之消散了。蜃楼现象在海面、沙漠等高温地处出现并不稀奇，不过极其苦寒的极地也出现蜃楼现象，还真是难得一见。

地球最南端的高原

早在 16 世纪，人们就对南极充满了幻想，认为这里会是一片四季如春的祥和景象。直到挪威的探险家阿蒙森首次到达南极点后，才证实了南极是一个覆满冰雪的严寒大陆。那里没有温暖，动植物也少得可怜，除了遍地的冰雪和广袤的平原，几乎什么都没有。

不过，跟阿蒙森同时探索南极的英国探险家斯科特，在远征南极点时，却发现了这块南极高原。事实上，南极根本不存在高原。南极的海拔较高，平均处在 3700 米，整个地势呈一个丘形。因此才会让人认为，南极处于高原地势。

南极高原是由南极的大陆、缘冰和岛屿组成，它的大陆面积高达 1239.3 万平方千米，陆缘冰面积达到 158.2 万平方千米，岛屿面积也有 7.6 万平方千米。它被南大洋环绕包围，与我国远隔千万里，离它最近的是相距 965 千米南美洲。

南极洲是地球上最偏远、最孤独的大陆，它恶劣的环境和常年不化的冰雪，一直将人拒之门外。不过，这更激发了人类对这块神秘大陆的探索。数百年来，无数的探险家和航海家，前仆后继，向南极大陆发起挑战。他们不畏艰难的勇气和百折不挠的精神，谱写出一曲曲光辉、荣耀的赞歌，为世人揭开南极的神秘面纱做出了巨大的贡献。

如今在科学技术的辅助下，人们探索南极已并非难事。早在 50 多年前，人们就在南极建立了第一座南极考察站，此后有越来越多的考察站拔地而起。通过勘测，人们测得南极根据地球的旋转决定南极点的位置，而这个位置是固定的。不过，就地理位置而言，在南纬 66.5° 以南的地区，都属于南极范围内，其中包括南大洋以及其他岛屿和南极大陆。南极的总面积甚为广阔，约为 6500 万平方千米。

埃里伯斯火山

这片广阔的冰雪大陆被横断山脉分成了东西两部分。尽管它们同属一块大陆，但就地理和地质上而言，这两个部分相差甚远。东南极洲被人称为“古老的大陆”。据科学家推算，它已经有几亿年的历史了。由于它的中心距离海边十分遥远，因此它中心很难接近。这里海拔较高，平均海拔到达 2500 米，其最大高度到达 4800 米。东南极洲最大的特点就是具有南极大陆最大的活火山——埃里伯斯火山。

西南极洲由多个群岛组成，它的面积只有东南极洲面积的一半，其中还有许多位于海平面以下的小岛。西南极洲的岛屿大多都被冰雪覆盖，其中历史较为悠久的有玛丽·伯德地、埃尔斯沃思地、罗斯冰架等地。尤为值得一提的是，南极洲的最高处——文森山地就位于西南极洲。

南极是地球迄今为止唯一没有人类久居的大陆。因为这里常年被冰雪覆盖，暴风雪肆虐，苦寒无比。尽管这里是世界上最严寒的地方，但仍有一些动物居住在这片雪域之中。

在南极的海岸，成群结队的帝企鹅站在冰封的海面上。它们相互挤在一起，共同度过这个刺骨、寒冷的严冬。南极与北极不同，由于这里四面被南大洋环绕，因此没有任何食肉动物能到达这里，所以企鹅并不用担心食肉动物的威胁。

尽管海面上被薄冰层覆盖，但依然有种动物一年四季都生活在这里。那就是韦德尔海豹。海豹具有非常厚的脂肪层，因此它们能够抵抗寒冷的天气。当严冬来临，韦德尔海豹就会潜到冰下的海水中生活，这样一来它们就不用惧怕海面肆虐的暴风雪。不过韦德尔海豹躲藏在海中时也需要接触空气，因此它们会利用牙齿摩擦冰面，在薄冰层上打开几个气孔，以保持呼吸孔畅通。不过，这也让韦德尔海豹的牙齿受损较为严重，导致它们难以捕捉到食物，早早离世。

每年 4 月份，南极的冰雪开始融化，海面上的冰层也开始破裂，形成漂流在海面的大块浮冰。这时候天气回温，海水也变得温暖，海洋的小鱼、磷虾又活跃了起来。这也吸引了许多庞大而温驯的鲸类。它们在大海里捕捉磷虾，来贮存自己体内的脂肪。在冬季来临时，这些鲸鱼又会向东游去。除此之外，南极还生活着海豹、海象等多种耐寒的动物，它们让这片雪域冰原充满生气。

令人闻风丧胆“杀人风”

在覆满冰雪的南极洲，除了被人们称为最后一片净土，也被人称为“暴风雪的故乡”。苦寒无比的南极冰盖，可以说是孕育暴风的母亲。它每时每刻都在用自己冰冷的躯体，冷却周围的空气，随时准备发动一场难以抵抗的风暴。

参与过极地考察的考察员在回国之后，曾这样形容南极的暴风：“南极的温度冻不死人，但南极的暴风却能够致命。”这话听起来匪夷所思，即使再厉害的风又怎么会使人丧命呢？事实上，考察员的话不无道理。

通常来说，12 级的强力台风已经使人类无法承受，但南极暴风常常在 12 级台风之上。在南极半岛、罗斯岛和南极大陆内部，它的风速时常达到每秒 55.6 米以上，将近 12 级台风的一倍，有时甚至能够达到每秒 83.3 米，可见其风速的凶猛程度。

南极大陆中部的暴风最为猛烈，由于中部地区四周有隆起的高原，因此一旦严寒的冷空气顺着南极高原的表面冲下南极大陆，那么将会立即引发一场恐怖的南极风暴。这时天昏地暗，狂风四起，冰雪卷夹着沙粒滚滚而来，简直就像一道万丈高的瀑布，夹杂着飞奔的洪流以迅猛之势席卷地面。在这样极其强大的风暴中，人类根本无法站住脚跟，就如同一片漂流在洪水之中的树叶，载沉载浮。曾有一位日本的

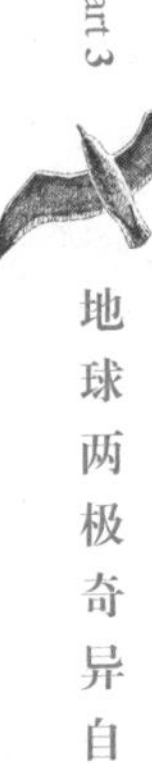

南极科考人员，就是在暴风雪中被狂风卷走，最后卡在了冰柱之间，失去了性命。

在南极的各国考察站，会经常遭遇暴风的袭击。每当冬天，呼啸的狂风，时常掀翻人们建设的房屋，或是摧毁建立的通信铁塔，甚至将一座考察站变成一座废墟。因此，在南极越冬的科考人员不仅要抵御极度的严寒，还要与险恶的暴风斗智斗勇。

为了保护考察工作人员的安全，各个国家的南极考察站都严格规定，在暴风天气，所有人员严禁外出，以防考察员发生意外。即使需要外出，也必须以两人一组的形式，带好食物、通信电话、御寒睡袋及衣物等装备后才能外出。

由于南极暴风横行，因此各国考察站的周围都有建立特别的、抗风避难场所。当在外进行任务的考察员，遇到突如其来的暴风，又无法及时赶回考察站，就可以赶紧逃到避难所，躲避这场危险、恐怖的暴风。这些避难所分布均匀，既不上锁也不分国家，任何在南极工作的考察员都可以躲到这间结实的小屋当中避难。

不仅如此，为保障科考人员的安全，科考站与主要建筑之间还设有标志桩，并在上面拉上一根结实、粗壮的绳索。如果有暴风袭击，考察员就可以拉住绳索前行，以防暴风把人卷走。因此，这条绳索也被考察员们称为“南极救命绳”。

南极暴风比任何一个地区都要频繁，风力也最为猛烈，而且变幻无常。我国驻扎在哈丁山附近的格罗夫山考察队，就曾遭遇了一场八至十级暴风的袭击。那场狂风整整维持了一天，暴风卷夹着冰粒，发出“呜呜”的低鸣。那些被狂风卷起冰、沙，聚在一起，仿佛千军万马疾驰而过，将考察队员搭建的住舱吹得晃晃悠悠。

在住舱周围，冰雪因为受阻而在地面上堆积起一个小雪丘，飞扬的冰雪将附近的一切事物都蒙上了一层白色。考察队从住舱

南极风暴或暴风雪

到食堂只有10米的距离，然而这么短的距离此刻对于考察员来说如同登天。他们必须戴上防风镜，裹紧衣服，匍匐着艰难地向前挪动。

曾参加过五次格罗夫山考察的队员还说，南极中部是暴风最凶猛、频繁的地方，每年的2月份，考察队都会遭受暴风雪的侵袭。在中国第22次南极考察期间，格罗夫山考察队曾因南极狂风的恶劣天气，被困在营地整整5天。

南极之所以会有如此凶猛的暴风，主要是因为热力的原因。由于空气中的冷空气加大，而热空气减少，这使南极上层空气形成冷高压和热低压。由于极地远离太阳直射点，常年太阳辐射量少，所以形成冷高压。但是南极号称“高原大陆”，它所处的地势平坦而开阔，下垫面性质单一，空气受到摩擦力较小，因此造成了风力极强的“杀人风”。

海域中会移动的“岛屿”

在极地附近的海域，漂流着大量的浮冰。有些浮冰能够作为企鹅、海豹等动物栖息地，有些巨大的浮动冰山，甚至能够让一艘游船崩溃瓦解。

在南大洋和北冰洋附近的岛屿上，孕育着许多冰山。由于天气的严寒，使冰川覆盖了整个岛屿，形成了一个巨大的冰盖。而这些冰盖中，有许多向海下延伸的冰舌，当潮汐和暴风袭来时，海水会明显地起伏、翻涌，冰舌遭到海水压力的重击，久而久之冰舌就会被冲落到大海当中，形成巨大的冰山。还有一种冰川，它的大部分体积都伸入海水中，由于露出海面的部分融化或蒸发较快，因此使它海里的部分形成海下冰架，在海水的冲击下断裂开来，然后再漂浮出水面。

大多数冰山是在春夏两季内形成的，那时天气较暖，因冰川或冰盖边缘发生分裂的速度加快，从而导致冰舌脱离冰盖，形成冰山。每年格陵兰西部冰川产生的冰山就有约 1 万座之多。

一般来说，冰山会呈现一个金字塔形，或是平板状。在北冰洋，最常见的就是金字塔形的巨大冰山。不过，在南大洋海域，漂浮的大多是平板状的冰山。这些冰山或高或矮，有些冰山能够达到很大的高度。南极的马尔维纳斯群岛附近，曾有人见过一座平板状冰山，仅是它露出海面的部分就高达 450 米。由于冰山的密度在每立方米 917 千克左右，而海水的密度则在每立方米 1025 千克左右，冰山露出部分还不到它体积的 25%，因此人们推测这座冰山的整个高度将近 2000 米。这些冰山不仅高度惊人，它的面积也很大。大西洋海域上就曾发现过一座宽 75 千米，长 120 千米的巨型冰山。

已知世界上最大的冰山，是 2000 年 3 月从南极罗斯冰架上崩裂下来的巨大冰山。它的面积达到 1.1 万平方千米，仅比北京市小了点。这座冰山一直在海面上漂流，直到 2005 年，由于阿拉斯加的风暴，引发了巨大的波浪，将这座巨型冰山一分为二。

大型的冰山在极地海域并不少见，这是因为南北极地纬度较高，因此太阳光的直射无法将冰山融化。这些在海面上的巨大冰山，往往漂流了 10 年之久。不过，如果一座冰山漂流到了开阔的海域，在漂流了 1 ~ 2 年后，就会神秘的消失不见。这是因为它会遭受强大的风力和洋流，将它迅速地带往其他地方。有时人们会看到这样的场景，在一座平板状的小型冰山，栖息着上百只企鹅，它们跟随着冰山，一起漂游到海岸附近。

自古以来，大型冰山是航海船只的最大克星。在多年以前，人们

冰山

只能通过肉眼观察海面上漂流冰山的情况。而对于潜在海底的冰山束手无策，导致船只撞毁、沉没等现象时有发生。如今，科学家们虽已研发出科学技术，航海员可根据雷达和声呐跟踪、躲避冰山，尽量避免造成与冰山撞击的危险。但这种科技在使用方面仍有局限，仅能在风平浪静的情况下发现 1.6 千米内的冰山。

历史上有无数海船因遭受冰山的撞击，陷入沉没的厄运，其中包括沙克尔顿最引以为傲的“持久”号，以及号称“永不沉没”的“泰坦尼克”号。尽管现代科技已经很大程度地避免了类似事件发生，但这种糟糕的事况，还不能完全杜绝。

南北极的冰山并非海水凝结的，而是没有任何化工污染的淡水。因此这些冰山也被人称为“淡水宝库”。令人遗憾的是，目前人类尚不能对极地的淡水资源加以利用，相信在不久的将来，人们一定能充分利用极地的“淡水宝库”。

Part 4

生于斯长于斯的爱斯基摩人

在4000多年以前，人类完成最后一次迁徙时，爱斯基摩人迁移到北极地区，他们凭借坚定的毅力、过人的勇气和智慧，在这片雪域莽原中生存了下来，并且在此地世代繁衍。经过千年演变，爱斯基摩人特有的“雪屋”已不复存在，他们打破传统的雪原生活，建立了自己村庄，融入到现代城市，开拓了新的生活。

爱斯基摩人与中国的渊源

在地球的最北端——北极，有一片白茫茫的冰雪荒原，还有一些性格温顺、憨厚的北极动物，如海豹、北极熊、北极狼等。除此之外，在这广袤的严寒之地，还生活着一群淳朴、憨厚的爱斯基摩人。因世界各国的文化不同，因此爱斯基摩人在各地也有不同的名字。比如美国阿拉斯加地区的爱斯基摩人称自己为“因纽特人”；而格陵兰岛的爱斯基摩人，则称呼自己为“卡拉特里特”人。这是在北极雪域中唯一世代繁衍的民族。

爱斯基摩人和中国人具有一样的特征，这并非巧合。原来爱斯基摩人和中国在千百年前生活在同一地域，流淌着相同的血液。爱斯基摩人属于亚洲民族，他们具有很多亚洲人的特征，如黄皮肤、黑眼瞳、手脚较短等。除此之外，爱斯基摩人与亚洲人还有一点相同之处——血型。美洲印第安人几乎没有 B 型血，而爱斯基摩人 B 型血的人数却不在少数。由于DNA是遗传特征中最稳定的因素，因此不少学者认为，至少有一部分爱斯基摩人不属于印第安人种族。基于遗传特征的有力证明，有部分爱斯基摩人起源于亚洲人种。

爱斯基摩人雕像

爱斯基摩人黄皮肤、黑头发、矮小个子的特点与我国蒙古族人的容貌十分相似。但经过DNA的对比和研究，他们与藏族人更为相近。

早在14000多年前，由于气候变化、劣势的地理环境等因素，人类不得不远走他乡，迁居别处。一支浩浩荡荡的黄种人大军，从亚洲出发，在跨过白令海峡后，进入美洲。令人意想不到的是，这些黄种人竟遭到了美洲印第安人的围攻、堵截，甚至将他们残忍地杀戮。

这些黄种人且战且退，最终被印第安人逼退到北极圈内。当时正值寒冬，印第安人认为他们不久便会被活活冻死，于是撤退了大军。岂料，他们不仅躲过了印第安人的追杀，还奇迹般地存活了下来，并繁衍至今。而当时迁徙的黄种人，正是我们今天了解的爱斯基摩人。

爱斯基摩人是世界上最强悍、勇敢、坚韧的民族。爱斯基摩人仅凭一叶扁舟，就敢挑战波涛汹涌的汪洋；他们使用简单的捕捉工具，与世界上最庞大的鲸鱼展开搏斗；用一根梭镖，或是赤手空拳，就敢捕获凶猛的北极熊。爱斯基摩人凭借自己的智慧、勇气和坚忍不拔的毅力，在这苦寒之地度过一个个漫长的冬季，繁衍后嗣子孙。

他们生活在一种极其寒冷、完全被冰雪覆盖的环境。在这寒冷的极地，树木极其稀少，几乎没有植物，因此爱斯基摩人只能以狩猎为生。他们的食物来源主要来自海豹、海象、鲸鱼等肉类和鱼类。在几千年前，爱斯基摩用简易的鱼叉捕杀海豹后，将海豹的皮制作成皮筏艇，以便在海面航行。但这种皮筏艇只能乘坐一个人，在捕杀鲸类等大鱼时，爱斯基摩人往往会好几人乘坐较大的船一同前往。

到了夏季，北极最高的温度也不过 -8℃。这时，爱斯基摩人都会选择一家人一起到陆地上捕杀驯鹿和其他陆地生物。由于北极被冰雪覆盖，因此“狗拉雪橇”成为他们最主要的交通工具。在几只雪橇犬的身上挽上皮带，让狗拉动雪橇，带着人们前往目的地。当然，如今的雪橇犬竞技比赛，与当时大相径庭。

北极遍地都被冰雪覆盖，因此原始爱斯基摩人的住房也是由冰砖垒成，对此人们称之为“雪屋”。但雪屋并不指这一种房子，它代表的是爱斯基摩人的居住形式。夏天爱斯基摩人则住在兽皮搭成的帐篷里；而冬天则住在“雪屋”，或石头搭建的房屋中。

千百年来，爱斯基摩人生活在这一片宽阔、冰封千里的水域。他们不受任何人的统治，也不属于任何一个国家，因此社会学家和律师称他们为“第四世界”的人。据了解，世界上的爱斯基摩人总数不到8万人。20世纪以后，人类文明获得了进步，爱斯基摩人也受到文明的影响，进入一种全新的生活方式。在20世纪70年代，70%的爱斯基摩人已经建立了固定的村庄，他们凭借着智慧和人类文明，创造了机船、火种，改善了一部分传统习惯。当然，也有少数的爱斯基摩人依旧延续着古老的生活方式，依靠打猎、捕鱼维持生计。但他们不再使用皮筏艇航海捕鱼，也不再食用生鱼生肉，这是爱斯基摩人在发展历史上的里程碑。

100多年后的今天，爱斯基摩人的生活起居条件都获得了很大的改善。在北极圈内的伊努维克小镇，爱斯基摩人曾经生火取暖的“雪屋”已经消失不见，取而代之的是具有暖气设备的房屋。在伊努维克的街道上，爱斯基摩人不再用动物的皮毛将自己层层裹起来，取而代之的是款式新颖、保暖的羽绒服。街道两旁时常能够看到打闹嬉戏的爱斯基摩男孩和女孩。他们有着黄色的皮肤，乌黑亮直的头发，宽宽的鼻梁，看上去和中国的男孩、女孩没有什么不同。

尽管爱斯基摩人与中国人有太多相似之处，但由于长期生活在北极，使他们的五官与亚洲人有所差别。他们身材矮小、眼睛狭长、鼻梁宽高、鼻尖向下弯曲、皮下脂肪较厚。这是因为矮小的身材可以抵御风寒；狭长的眼睛可以抵挡冰雪反射的强光。但究其根本，爱斯基摩人之所以能够抵御寒冷，主要是因为他们日常所食用的是高蛋白、高热量的食物。爱斯基摩民族为人类历史带来了奇迹。

爱斯基摩人的服饰特点

在4000多年前，一群从亚洲迁徙到美洲的爱斯基摩人，因受到美洲印第安人的残忍杀戮，万般无奈之下，只好退躲到北极境地。由于北极常年被冰雪覆盖，没有陆地也不适合人类生存，于是印第安人放弃了对爱斯基摩人的追杀，认为他们一定会在冰天雪地中被活活冻死。但令人意想不到的是，逃亡到北极的爱斯基摩人，不仅存活了下来，还在这冰雪之地繁衍后嗣，长居于此。

爱斯基摩人的动物皮毛服装

爱斯基摩人在来到北极后，凭借着他们的智慧、毅力和过人的勇气，开始在北极生活。由于北极太过严寒，严冬时节气温达到零下几十摄氏度，而冬季又长达数月之久，为了能够抵御北极的严寒，爱斯基摩人创造了北极特有的服饰。

在北极境内，除了生活在海洋里的海豹、海象等动物，还有生活在陆地上的驯鹿、北极熊、北极狐。这些动物依靠着身体厚重的皮下脂肪，以及浓密的毛发来抵御严寒。爱斯基摩人受到动物们的启示，因此他们的衣服都是用动物的皮毛制作而成的。

北极一年四季都被冰雪覆盖，为了能够使自己在冰上自由行走，因此爱斯基摩人将捕杀的北极驯鹿、熊、狐、海豹、狼的皮剥下、晾干，以毛皮为里衬，经过缝制后就制成了鞋子。由于是动物的皮毛，因此这种鞋子不仅保暖，而且还有挡风的作用。由于是用动物的皮毛制作，因此鞋子还具有防滑的作用。爱斯基摩人的衣服和鞋子的原材料一样，虽然衣服使人浑圆、臃肿，但也为爱斯基摩人抵抗了寒冬。

爱斯基摩人的衣服样式，与我国古代大不相同。根据北极地区的严寒特点，有些地区的爱斯基摩妇女，穿的裤子和靴子是连成一体的。而儿童的衣服大多是从头连到脚，只在臀部部位留下一个洞，平时这个部分自然闭合，因此不用担心孩子会到严寒的侵害。

爱斯基摩人的衣服设计得十分有特点，他们巧妙地运用了空气的物理性质，根据热空气不会向下散的原理，缝制连体靴、裤，从而达到保暖的作用。在北极地区，除了爱斯基摩人还生活着其他民族的人类。他们的生活方式与爱斯基摩人差别不大，其服装也类似爱斯基摩人，但却没有爱斯基摩人的服装保暖、便于活动。这是因为爱斯基摩人在外出时，只穿一件厚皮袄，没有其他衣服的束缚，因此行动起来也很方便。

爱斯基摩人佩戴的帽子也很有特点。他们的帽子一般用驯鹿或熊皮制成，但是会在帽子的边缘缝接狼皮或狼獾皮。这是因为狼皮和狼獾皮与其他皮毛不同，狼毛非常滑顺，不会使人呼出的水气在上面凝结成冰。爱斯基摩人在外出狩猎或劳作时，都会穿上宽大的风雪披风。这种披风的毛皮朝外，以便防风雨。

古老的爱斯基摩人在这极度严寒的冷空气里，可以穿好几双鞋。他们通常会先穿一双柔软的鞋，然后在鞋外面再套一双较为厚实的靴子。他们的手套也经过特别设计，连指手套不仅宽大、长至袖子，由于外衣宽大，所以爱斯基摩人可以将手缩回衣服里面取暖。爱斯基摩人浑身上下的服饰，都是由动物的皮毛制作而成，在保暖、抗风的作用之余，还能够起到掩饰、保护自己的作用。

北极生存的凶猛动物不在少数，其中北极熊的破坏力最为强大，对人类也存在相当大的威胁。但动物的头脑和视力分辨能力，与人类相差甚远。因而在穿戴动物皮毛制作的衣服后，动物对人类的识别能力有所下降。不仅能够混淆视听，还可以出其不备地对动物发起攻击。

经过几千年的演变和发展，现代的爱斯基摩人已经从北极境内迁往别处。在格陵兰、美国、俄罗斯和加拿大都有长久生活的爱斯基摩人。如今爱斯基摩人生活在北极境内的伊努维克小镇，在那里爱斯基摩人穿着靓丽、时尚的服装，居住地的环境也四季分明。即便在严寒的冬天，爱斯基摩人早已不再需要古老的取暖方法，现代的科技使爱斯基摩人和我们一样，过着轻松的生活。

狩猎为生的爱斯基摩人

千百年前，生活在北极的土著居民，主要有从亚洲迁徙而来的爱斯基摩人、从中亚迁移至北极的拉普人以及其他 20 多个民族。其中在北极人口最为广泛的还是爱斯基摩人。爱斯基摩人是在人类完成最后一次大迁徙时，从亚洲迁往美洲，途中因受到印第安人的攻击，最后被迫在北极生存。

爱斯基摩人也被称为因纽特人。他们在不同的国家有不同的名称，其中他们最愿意接受的则是因纽特人。在 4000 多年前，印第安人和爱斯基摩人不仅有战争矛盾，印第安人对他们还存有种族歧视。由于爱斯基摩人具有亚洲人的特征，与印第安人的样貌大相径庭，这使印第安人对爱斯基摩人充满反感。而“爱斯基摩”一词，也是出自印第安人之口，意为“吃生肉的人”，这样称呼不免含有嘲讽的意味。爱斯基摩人认为“人”是民族的象征，因此他们自称为“因纽特人”，

北极

意为“真正的人”。

为什么会有人称爱斯基摩人为“吃生肉的人”呢？在4000多年前，爱斯基摩人生活的北极一片荒原、遍地冰雪，没有房屋、没有植物、没有火种。因此他们只有靠狩猎维持生计。由于天寒地冻，在没有火种的生活里，爱斯基摩人只能以食用生肉果腹。由于生肉中富含大量的维生素C以及高蛋白等营养，这使爱斯基摩人在北极奇迹般地存活了下来。因此生吃生肉也成为爱斯基摩人的文化之一。

北极虽然极为严寒，终日冰雪覆盖，却生活、栖息着许多北极动物。比如北极熊、北极狐、驯鹿等，以及海豹、海象、鲸和丰富的鱼类。而这些动物则成为了爱斯基摩人的生活要素。

在北海太平洋海域中，生存着丰富的海洋的生物。不仅有大量鲸鱼，还有富饶的鱼类。因此爱斯基摩人主要以捕鱼和狩猎为生。

爱斯基摩人凭借着坚忍不拔的毅力和超乎常人的勇气，在极苦的北寒之地生存了下来。他们靠着简单的工具，或是一根梭镖或赤手空拳，与凶猛的野兽展开激烈的搏斗。在春天来临之际，爱斯基摩人则会全家一起寻找陆地上可以捕猎的动物。

爱斯基摩人不仅勇猛且充满智慧。北极熊是陆地上最庞大的食肉动物，它站起来有 2.8 米高，面对这样凶猛的野兽，爱斯基摩人是如何捕获它呢？他们会抓住北极熊嗜血的特点，在捕猎之前，爱斯基摩人会先杀死一只小海豹，然后将海豹的血装到一只水桶里。由于北极气温极低，血液会在短时间内凝结。爱斯基摩人在水桶里插入一把尖刀，让血液漫过尖刀，只留出刀尖。等到血桶完全凝结，就制成了捕杀北极熊的利器。他们将血桶放到北极熊经常出没的地方，由于北极熊嗅觉极其敏锐，当发现血桶时，就会马上用舌头舔食。当血桶上方被北极熊舔化后，它的舌头也冻僵了。这时尖刀露了出来，将北极熊的舌头划开一个小口。由于北极熊的舌头已经冻僵，感觉不到疼痛，在继续舔食的过程中，舌头的伤口会越来越深，最终北极熊会因失血过多而倒下。失去战斗力的北极熊，就能轻而易举地被爱斯基摩人捕获。

在 19 世纪中期，西方的捕鲸者如雨后春笋般出现。原来当时西方人猎杀鲸鱼主要收集鲸鱼须，用以制作女士的服装。当时女性的服装多以裙子为主，而裙子的下摆都有框架支撑。鲸须有两三米那么长，下边宽，上面窄，上面还有毛。它主要是起过滤的作用，鲸没有牙齿，在水里面往前游的时候，它把嘴张开，像山洞一样，这时候水、鱼、虾都进来了，进来以后，水就从下边流出去。一头须鲸有 600 ~ 800 根须，须就像网一样把小鱼、小虾挡住，再由它 3 吨重的大舌头一卷，所有的食物都被吞入腹中。由于鲸鱼须柔韧性好，不易折损，以此制作框架，不仅轻巧，而且结实，所以有不少人加入捕鲸的行列。

在鲸鱼须能够获取暴利后，人们捕杀鲸鱼的行为更加肆无忌惮，由于爱斯基摩人有 1000 多年的捕鲸历史，因此他们特意雇用爱斯基摩人对鲸鱼近乎疯狂的捕杀。由于爱斯基摩人不属于任何国家，西方人产生了征服爱斯基摩人的念头。他们将西方文化带入这里并试图消灭爱斯基摩人文化。他们逼迫爱斯基摩人不能讲自己的语言，禁止爱斯基摩人特有的活动，想将爱斯基摩人驯化成自己的国民。在西方列强的操纵下，很长一段时间，爱斯基摩人都只能服从、被动的生活。

当然，随着时代的进步和发展，原始的爱斯基摩人已经不复存在。但是爱斯基摩人的文化和传统被这个善良、耿直、勇敢的民族保留下来，传扬至今。现在的爱斯基摩人过着现代化的生活。他们不再需要打猎，和其他民族的人一样，有自己的工作、理想和抱负。但他们依然生活在北极境内，美化、保护他们的故乡，使冰天雪地的北极充满生机。

爱斯基摩人千百年来生活在美丽的冰雪世界，他们面对大自然有着非比寻常的热情和爱慕。在这片冰雪的天地，爱斯基摩人不仅保留了自己民族的文化，还保留了先人坚忍不拔、耿直勇猛的品格。他们在大自然里生存，因此爱斯基摩人格外爱惜自己家乡的这片土地。面对狂风或暴雪，爱斯基摩人始终都怀有一颗热情的心。

爱斯基摩人的住宅——雪屋

在4000多年前，北极雪原荒无一人。迁徙到北极的爱斯基摩人，在这冰天雪地中如临绝境，他们没有食物、没有工具，甚至没有能居住的场所，只有凛冽的寒风和一片冰天雪地的莽原。充满智慧的爱斯基摩人决定为自己建造一所能抵挡风雪的房子。虽然北极没有砖瓦石木，但是却有坚实的冰块、厚重的冰雪。因此，在这一地区生存的爱斯基摩人把雪制作成砖块，建造了世界著名的“雪屋”。随着千百年来的演变，这种传统、古老的雪屋已经成为世界的一大奇观。

雪屋是由个各种规格不一的雪砖建造而成。爱斯基摩人在建造雪屋时，首先要选择一个开阔、平坦、朝阳的地面。他们将一根长棍插入雪地，检测雪的厚度和质量。在选择好地面后，他们用棍子将雪面划割成长方形，顺势拔起，雪砖就做好了。

爱斯基摩人和雪屋

由于横风长期席卷雪面，所以雪的密度紧凑，十分坚实。爱斯基摩人将长方形的雪砖在雪面上围成一个圆形，在垒完一圈以后，将第一层雪砖用以斜面进行切割。他们垒造雪屋的工具非常简单，仅仅只有一把雪刀。早期爱斯基摩人的雪刀由动物的肋骨制成，后来爱斯基摩人都换成了价值一张狐狸皮的钢刀。

爱斯基摩人将雪砖用相同的方法垒起来，保持雪砖呈现斜面，以便能够使雪砖垒成一个圆形的建筑。雪砖因一层层变高，逐渐向内收紧，最后形成一个半圆球形状的建筑。爱斯基摩人在雪砖的表面掏出一个长方形的洞，以此作为出入的门。为保证雪屋的保暖性，因此设计的门十分窄小，但由于爱斯基摩人天生身材矮小，一骨碌就可以轻松钻到室外。

随后他们在南面的雪墙上掏出一个小窗，并在上面两侧树立两个方形的砖块，然后在上方覆盖一块较长的方形雪板。这样一来，光线可以透过窗子照射进来，同时还能够防止风雪。最后，他们再用雪将雪屋四周的缝隙进行填补，以确保雪屋的严密性。

在搭建好雪屋后，原本平坦的雪面会出现一个深坑。这是建造雪屋时挖出来的。聪明的爱斯基摩人将这个大坑继续挖深，在获得宽阔空间后，用雪砌成雪床甚至一些家具。他们将狩猎的动物皮毛皮铺在雪床上，即使一家老小在夜里脱掉衣服睡觉，也不会觉得冷。

这种圆形建筑具有抵御寒风的作用和稳固性，同时还可以保护屋顶，因此雪屋必须呈半圆球状。一个爱斯基摩人能够在 40 分钟建造出一个简易、独居的雪屋，也能够花费两天时间建造一个温暖、舒适，适合家人群居的雪屋。爱斯基摩人属于游牧民族，他们根据雪的质量，计划建造雪屋，当雪屋出现崩塌现象时，他们就会再造一个新的雪屋居住。

雪屋建成后，为抵御风寒，爱斯基摩人会在雪屋屋顶上铺盖一层厚厚的草，再盖上一张海豹皮；在室内覆满兽皮，使雪屋更加温暖。爱斯基摩人铺盖、照明等皆用海豹皮为燃料。他们也会在雪壁上雕刻一些图案，或用海肠子作为装饰，颇有特色。

在雪屋里，爱斯基摩人还可以生起炉子来抵御严寒，他们用石块搭建起一个石炉子，在里面盛着海兽炸出来的油，再以兽毛搓成灯芯，就可以当作油灯。即便室外是零下几十摄氏度的严冬，屋里还是很温暖的。

雪屋的造型也并非千篇一律，在北极生活的白人，则将雪屋建造成欧洲特有的建筑风格，耸立的屋顶，不仅宽敞，且十分美观。有些爱斯基摩人也会学以效仿，在圆形雪屋的基础上加入一些西方建筑的特色，建筑造型也别有一番风味。

雪屋除了供爱斯基摩人休息，还可以储藏大量的日常食物。比如面粉、茶叶、海兽肉或驯鹿肉等。不过，随着时代的发展和进步，爱斯基摩人已经不再依靠传统的生存方式。在加拿大北部的博德莱小镇，就特意建造了一个仿爱斯基摩人原始生活的村庄。这里的工作人员大多都是爱斯基摩人，他们依然保留了民族的风俗习惯，住在雪屋里，吃驯鹿肉或鱼肉，为游客表演他们的绝技——盖雪屋。

在这里，有不少加拿大其他地区的市民，特意前来游览这里的美丽景色，欣赏爱斯基摩人的文化传统。他们可以在村子里租下一间能够住下全家人的雪屋，再住上一两天，体验爱斯基摩人的生活。也有一些经济条件优越的家庭，他们会把自己的孩子送到这里，让他们在这里独立生活一段时间，让孩子对社会、生活和人文有一个新的认识。

在德国也有一处仿效爱斯基摩人生活的景致。那里将现代生活与雪屋巧妙地结合到一起。家具、浮雕一应都是由雪制成，不过雪屋里也有现代化的洗浴设备、冲水马桶、雪屋样式的酒吧等。游客在体验爱斯基摩人生活之余，还能感受独具一格的文化。

不过这些景点的雪，与生长在北极爱斯基摩人建造雪屋的雪有所不同。它远不及北极境内的雪那么结实。现如今爱斯基摩人已不再居无定所，因此现在筑造的雪屋也不要什么经验，建筑过程也十分简单。这些雪屋建筑远不及原始雪屋那般坚固，且只能作为景观的临时住所。

爱斯基摩人最实用的运输工具

最早的爱斯基摩人生活在苦寒之地的北极。那里是广袤无垠的冰雪世界，没有植物也少有人迹，为了在大自然里求得生存，他们只好以捕猎为生。由于在北极生活的大多数动物，每年都要进行至少两次的迁徙，这使爱斯基摩人注定要跟随食物源，过着迁徙的生活。

北极是地球一端，在那里没有工厂、没有粮食，甚至不见人类的踪迹。因此爱斯基摩人只能依靠双脚过着徒步迁徙的生活。北极的地面被深厚的积雪覆盖，河面上常有大块的浮冰，爱斯基摩人只好因地制宜，以皮划艇和雪爬犁为主要的交通运输工具。

爱斯基摩人主要以狩猎和捕鱼为生，但是他们赖以生存的多数动物，每年至少都有进行两次迁徙。因此爱斯基摩人不仅要过着“旅行生活”，还要提前捕获食物，为冬季储备食物。爱斯基摩人捕获的动物多为海豹、海象、驯鹿等大体型的动物。仅凭人类的一己之力，很难实现对猎物的运输，因此皮划艇与雪爬犁成为了爱斯基摩人最实用、方便的工具。

夏天时期，爱斯基摩人在水上的运输工具颇有特色。他们使用的皮筏艇与我们现在所接触的大相径庭。这种皮筏艇的主要原料来自海豹皮。爱斯基摩人将木头做成框架，然后用海豹皮或海象皮包裹住木框架，进行固定后，皮筏艇就做好了。这种皮筏艇很轻且十分防水，因此划动速度很快。

爱斯基摩人根据不同的用途，制造了两种不同结构的皮筏艇。一种是敞篷皮筏艇，也被称为“屋米亚克”。各地方的爱斯基摩人制作的敞篷皮筏艇大同小异，但格陵兰岛东部的爱斯基摩人因为缺乏木头，所以用动物的骨头作为船架。这种船长约 9 米，能够同时承载 900 千克的货物以及 8 个成年人。但是船体十分轻便，仅需 4 人就能轻松将它抬走，只需划桨、水手以及一面帆，就能够驾驶出海。阿拉斯加的爱斯基摩人出海的方式有些不同，他们将狗拴在船头，让狗在海岸或河岸上拖着船跑，并有一名水手划船，水手在保证船驶离海岸或河岸一定距离后，再将狗抱回船上。

另一种船与“屋米亚克”在外形上就有很大差异，是一种带有船舱的船，爱斯基摩人称它为“柯亚克”。各地的爱斯基摩人制作这种船的方法各有千秋，船的样式、材质虽有不同，但都以船体狭窄、速度快、便于操纵为共同特点。这种船长达 6 米，宽 1 米，仅容 1 人。它主要用于捕鱼的时候，因它追逐猎物的速度较快，操作灵活，便于捕获猎物。

北极的冬天不仅严寒且十分漫长，漫天飞舞的大雪和寒风常常席卷而来。由于天寒地冻、雪面光滑难行，渔船在冬季派不上任何作用。因此爱斯基摩人发明了“雪爬犁”。雪爬犁是由木头或动物骨头，接连起一个梯子形状的长板，在上面铺盖一张驯鹿皮或海豹皮，再将爬犁的前端绑上皮带，套到狗的身上，由狗拉动雪爬犁。由于雪橇犬和人类一样，都需求肉类且它的食量比人类要大很多，因此以狗拉雪橇作为运输工具，对大部分爱斯基摩人来说是很困难的。

狗是人类忠实的朋友，这句话一点都不假。爱斯基摩狗不仅忠于它的主人，且能够帮主人分担不少劳动。除了在冬季帮助主人拉雪橇，夏季驮运货物以外，西部的爱斯基摩人还用狗来拖船或做拉纤的活计。

爱斯基摩人在狩猎时，也会把狗带在身边，利用狗敏锐的嗅觉，寻找海豹的呼吸孔。在遇到凶猛的兽类，如北极熊、麝牛。爱斯基摩人便将狗身上的绳子解开，让狗群发起攻击，消耗猛兽的体力，以便一举得手。爱斯基摩狗也是保卫家园的战士，它们能够及时发现并汇报主人危险动物的靠近。当爱斯基摩人在外狩猎迷路时，狗就如同方向指针，能够将主人带回到家中。在食物短缺匮乏的时候，爱斯基摩人也会将狗杀了充饥。在太平洋定居及阿拉斯加西南地区的爱斯基摩人，专门养狗吃肉。但条件相对艰苦的爱斯基摩人根本养不起狗，只能靠人拉雪橇，运输货物 。

在爱斯基摩原始社会，狗是他们不能离开的坐骑。爱斯基摩狗不仅为主人付出辛苦的劳动和汗水，它们还具有善良、耿直、勇猛的优秀品格。在北极考察中，如果没有它们的帮助，人类很难成功，在爱斯基摩狗无私的奉献下，人类取得了一次又一次北极考察的成功。最令人震撼的是，当主人或游客遇到危险时，它们会在瞬间立起耳朵，紧张地观察周围的环境；而在生死存亡的时候，它们会拼尽全力地往前拉，直到脱离险境。它们是爱斯基摩人最忠诚的朋友，也是最优秀的助手。

如今，我们早已经步入文明社会，爱斯基摩部落也发展成了现代化村庄，他们逐渐与现代社会交织、融合，而这种传统的运输工具——海豹皮船已经消失不见。令人欣慰的是，“狗拉雪橇”被完整地保留了下来。如今，爱斯基摩人不再以狗拉雪橇作为交通、运输工具，而是演变成一种时尚的竞技活动。在俄罗斯等地，常有狗拉雪橇的竞技大赛，不少市民带领西伯利亚哈士奇、萨摩等优秀的拉橇狗进行比赛，成为一项竞技体育项目。但在古老的爱斯基摩人时代，皮筏艇和雪爬犁是当时最实用的运输工具。

爱斯基摩雪橇狗

爱斯基摩人生活的变迁

爱斯基摩人是一个古老而悠久的民族，在4000多年前，爱斯基摩人完成人类的最后一次迁徙。他们迁至地球端点——北极。他们分布在西伯利亚、阿拉斯加和格陵兰内外的北极圈境内。在格陵兰、美国、加拿大和俄罗斯也居住着少数的爱斯基摩人。

爱斯基摩人在迁居北极后，为在大自然中求得生存，他们因地制宜地建造了雪屋，发明了皮筏艇、狗拉雪橇的交通运输工具，以打猎、捕鱼为生。聪明、勇猛的爱斯基摩人，将猎获猛兽的皮毛制成服饰；将海豹皮或海象皮结合木头做成皮筏艇；他们住在用雪砖垒砌的雪屋里，抵御风寒；用动物的筋或骨头制作工具。他们凭借自己的智慧和坚韧的毅力，在这片冰雪莽原中存活下来并繁衍后嗣，创造了人类历史上的奇迹。

爱斯基摩人在稳定生计以后，他们先后创造了拉丁字母和斯拉夫字母拼写的文字。在首领的引导下，他们创造了属于自己的文化和文明。原始爱斯基摩人的社会体制及经济单元，是以家庭为单位，他们有属于自己的人文和信仰。

爱斯基摩人在几千年前迁居北极境内，从此与世隔绝，他们的精神文化还处于最原始的阶段，因此爱斯基摩人信奉原始的“万物有灵论”，而这一精神文化被传承至今。他们认为世界上的一切事物都有生命和灵魂，而支配大自然的就是天地间超物质的灵魂。

爱斯基摩人认为，世界上所有的一切事物都由灵魂操控；灵魂没有实质，它可以进入或离开人的身体以及任何的东西；即使没有物质，灵魂也可以附着在图腾、巫术等一切事物上。爱斯基摩人的图腾各式各样，由于分布地区的不同，图腾崇拜在各地区也各不相同。但对于大自然的崇拜和畏惧、对死者的崇拜和恐惧、对神灵的拥戴和敬畏，是普遍存在的。

爱斯基摩民族中掌管宗教事务的是巫师。每个村落里都有巫师，男性称之为巫师，而女性则称为巫婆，他们是村子里最重要的人。在爱斯基摩人眼中，巫师具有和神灵、死者交流沟通的能力。巫师被认为能够使灵魂暂时脱离肉体，从而和神灵进行沟通，甚至可以收服一些小的神灵为自己所用。巫师通过念咒语、催眠、口技等方法实施巫术。巫术可以发现引起灾难的原因。好比人类无故生病、受伤，在巫师的施法后，不但能知道原因，还能找到解决的办法。

在爱斯基摩人眼中，如果有人无故生病或遇到灾害，那么就是他触犯了神灵。这时巫师就会查明是哪一个神灵被触犯，以及被触犯的原因。多数调查结果是有人违反了禁忌。这时，人们会通行宗教仪式，以表示自己的虔诚，或在原有的禁忌上增加条例，求得神灵的原谅。爱斯基摩人认为巫师可以消灾除难、改变天气，甚至占卜未来，和死者的灵魂沟通。因此巫师制作的工艺品，常常被一抢而空，以求平安。

关于巫师有这样一个小故事。在19世纪末，阿拉斯加西北地区一个小村庄住着瓦克一家，全家人大部分时间都在这里生活。每到春季，冰河融化，瓦克一家就会到霍普角捕鲸。

现代的爱斯基摩人

可是这一年，霍普角忽然流行起疾病，导致许多人染病而死。瓦克一家对是否要前去捕鲸犹豫不决，于是请来当地的巫师为他们占卜，并寻求解决的办法。

巫师将瓦克一家人集中在一间漆黑屋子里。等人坐好后，巫师从口袋里掏出一个用海肠子制作的一顶小帐篷、一个小木偶和一盏小灯。他将把木偶和灯放在小帐篷内，关上帐篷后，巫师开始击鼓唱歌。

过了一会儿，巫师将帐篷内的灯点亮，突然里面的木偶了站了起来，开始四处走动。透过这顶半透明的帐篷，人们可以看到不停走动的木偶。这时巫师开始和木偶对话，但这种语言其他人根本听不懂。过了几分钟，巫师结束了这段对话，小木偶像倒躺在帐篷里，灯也熄灭了。巫师再次击鼓歌唱，以此表示仪式结束。

巫师一边将小木偶等用具收起来，一边宣布说大家可以去霍普角，不仅不会生病还能捕到 3 头鲸。瓦克一家听到这个消息兴奋极了，在收拾好用具后，全家都去了霍普角。比较幸运的是瓦克一家人一切平安。

随着人文社会的不断进步，如今的爱斯基摩人走出了那片荒芜的雪地，他们在加拿大北极圈内建立了自己的村庄，过着现代化的生活。他们曾经在雪面上垒建的雪屋早已不复存在，取而代之的是建筑新颖、结构宽阔的住房。他们早已不需要用炉火取暖，屋子里不仅有先进取暖设备，还有适应现代生活的家具。

用海豹皮制作的小船，如今陈列在博物馆里；狗拉雪橇也只能在竞技比赛中一睹风采；他们的服装不再是千篇一律的动物皮毛，各式各样适应季节的服饰应有尽有。爱斯基摩民族在这几十年里，逐渐与外界融合，他们不再墨守成规地度过原始的生活，成为了新一代的爱斯基摩人，这也是人类历史上的奇迹。

Part 5

别林斯高晋：首次环绕南极大陆航行的航海家

近几个世纪以来，人们一直相信在地球南端，有一块未被发现的神秘陆地。为寻找这块神秘大陆，早期有不少航海家耗费了大量的人力物力，甚至献出了宝贵的生命。尽管在探寻南极大陆的伟业中，受到重重阻碍，但是人类始终没有放弃，最终俄国航海家在经历三年时间的南极之旅后，终于证实南极半岛的存在。

被历史铭记的海上将军

1779年，爱沙尼亚的萨列马岛降生了一个男婴。这个男孩长大后，成为了赫赫有名的海军上将，他就是俄罗斯南极探险家——法捷依·法捷耶维奇·别林斯高晋。在别林斯高晋10岁那年，考入了海军武备学校。他对航海和天文充满了热血和激情，在这两方面取得了非常优异的成绩。青年的别林斯高晋曾在波罗的海舰队服兵役，参加了水兵的特训，并取得优异的成绩。

1803年，他在伊·费·克鲁迅什特恩指挥的"希望号"船上，参加了俄国首次环球航行探险。在环球探险3年后，别林斯高晋积累了丰富的航海经验，而他也从水兵晋升为海军中校。当时俄国政府开始筹备组建南极探险队，并为这支探险队派了两艘航船——"东方"号和"和平"号，俄国政府任命曾有3年环游历险、担任"希望"号船大副的环球航海家马卡尔·伊凡诺维奇·拉特曼诺夫为南极探险队的领导人。

但令人遗憾的是，1819年拉特曼诺夫在指挥从西班牙返回俄国的船队时，不幸在丹麦的斯卡晏出事，身受重伤的拉特曼诺夫被送到医院进行治疗。就在这时，拉特曼诺夫接到来自俄国政府派发的新任命。由于自己身患重疾，他只好拒绝了任命，并向总指挥部推荐别林斯高晋。经过指挥部的审查和考核，别林斯高晋被任命为"东方"号的指挥官，以及南极探险队的领导人。和他一起接受任命的还有米哈伊尔·彼得洛维奇·拉扎列夫，由拉扎列夫指挥"和平"号。在1819年7月16日，"东方"号和"和平"号离开俄罗斯，向南极挺进。经过3年的探险历程，在别林斯高晋的指挥下，两艘船完成了巡环南极的伟大航程。

在南极探险航行的3年里，别林斯高晋完成了船队大部分的海图绘制。回到俄国后，亚历山大一世晋升他为大尉。别林斯高晋从小就对航海术和天文学充满了热情，在1810年，他指挥黑海舰队航行的途中，发现海图不够准确，这对于航海家来说可是非常致命的。别林斯高晋在经过仔细的探索和反复确认后，利用天文定位重绘了阿布哈兹、明格列利亚和古利亚这三个地区的海图。

航海途中

别林斯高晋巡环南极的途中，由于南极境内天气环境恶劣，阴云笼罩海面，使船队无法接近南极陆地。于是别林斯高晋下达命令，停留在杰克逊港，静观其变。一个月过去了，天气不仅没有好转，反而越发恶劣。暴风雨掀起巨大的骇浪，使“东方”号和“平安”号随时面临沉船的危险。当时正值南极的冬季，海浪汹涌，气温急剧下降。饥寒交迫的水手们迫于无奈，只好在附近的一个小岛上靠岸，抵达澳大利亚的悉尼，度过这个严寒的冬季。

过了几个月后，气温开始回升，别林斯高晋再次率领探险队向南极进发。当探险队抵达南纬68°37′、西经90°35′的海域，眼前已经是一片祥和光景。眺眼望去，只见广袤的海域尽头，隐约能够看到陆地。海风吹拂，海面掀起一朵朵洁白的浪花。海天一色，令人心旷神怡。眼看胜利在望，别林斯高晋和探险队喜不自胜。后来别林斯高晋在报告中这样描述：“在昏暗中有个发黑的斑点……太阳透过云层，将这片海域照得明亮，大家满怀欣喜，确信看见了那片白雪皑皑的海岸，只是由于朝阳斜面上的白雪已经融化，才会显得像个黑点。”

于是在1821年1月10日，别林斯高晋率领探险队登陆这片海岛。别林斯高晋急切地想为沙皇建功立业，因此将这座岛屿命名为“彼得一世岛”。在别林斯高晋的指挥下，探险队开始继续向南极陆地航行。经过几天的航行，在1月17日，别林斯高晋意外地又发现了一座岛屿——亚历山大一世岛。亚历山大一世岛是南极最大的岛屿，它与南极大陆紧密相连。别林斯高晋不敢断定他们发现了南极大陆，因此他对于这段经历始终有所保留。直到10年后，别林斯高晋在证实当初发现的岛屿是南极大陆后，才将那份非常有价值的报告和航海图公布于世。这让俄国人民对他推迟10年的发表行为，百思不得其解。

对于是谁首次发现南极大陆，一直以来饱受争议。英国人认为第一个发现南极大陆的人并非别林斯高晋，而是由英国的海军军官爱德华·布兰斯菲尔在1820年1月30日发现的。因此英国人将南极半岛称为“格雷厄姆岛”。

而美国人则认为，首先发现南极大陆的人是纳撒尼尔·帕尔默。帕尔默是康涅狄格州捕鲸船的船长。1820年11月18日，帕尔默到达了合恩角以南的海域。实际上，那里属于南极大陆的一部分。因此美国将南极半岛称为帕尔默半岛。这样算来，帕尔默就比别林斯高晋提前50多天发现南极大陆。一直以来，美国和俄国为此争论不休。

关于谁是最先发现南极大陆的人，我们无从考证。俄、美、英三国对此各执一词，长期以来，这个问题一直备受争论，毕竟这带有显著的政治目的。但不论是谁发现了南极大陆，他都会被历史铭记。而这三个人，都为世界和各自的国家带来荣耀和功勋，他们的美名流传至今。

充足准备向南极洲进发

1772年，英国航海家库克奉伊丽莎白女皇的命令，寻找地球最南位置的未知大陆。历经3年探索，库克的船队最终到达南纬71°11′,

但他始终都未能找到那片神秘大陆。1775年，库克回到英国，并公开宣布未知南方大陆并不存在的消息。此消息一经传出，那些寻找并试图占领那里的西方殖民者遭受了重大的打击。

1803年，登基不久的俄国沙皇亚历山大一世，对于扩张殖民地领土充满狂热。为推翻库克的消极论，俄国政府开始着手准备南极探险的船队。在经过16年的精心筹备后，俄国政府对于探索南极信心满满。1819年，俄国成功进军西伯利亚，随后俄国政府便组织了一支精干的探险队，开始在世界各地游弋。

俄国政府在组织探险队时，可谓是煞费苦心。为使此次探险取得成功，政府决定任命有丰富航海经验的马卡尔·伊凡诺维奇·拉特曼诺夫担任探险队的总指挥。但不幸的是，拉特曼诺夫在一次航行中身

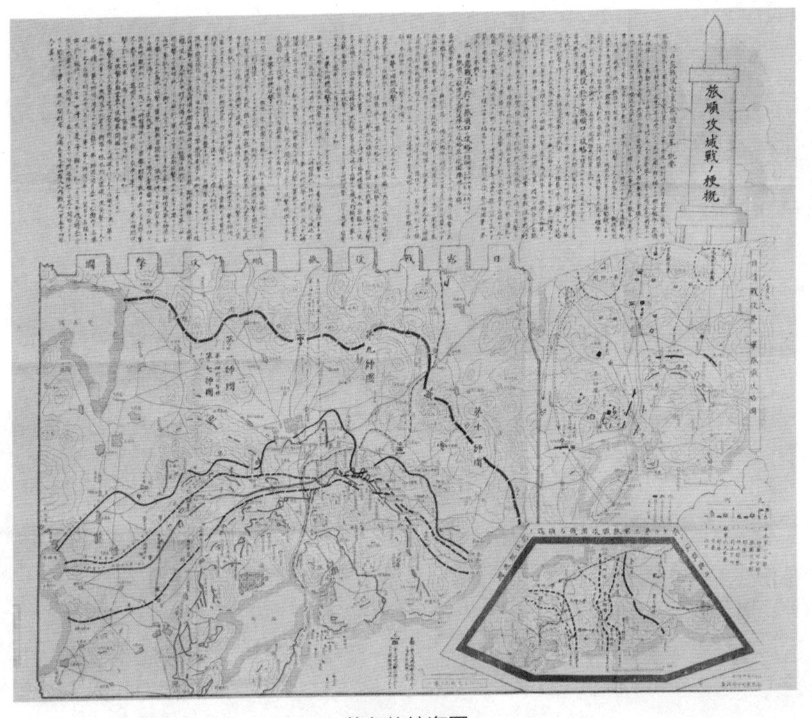

著名的航海图

患重疾，无法接受此次任务。正当俄国政府一筹莫展时，拉特曼诺夫向政府推荐了有多年航海经验的别林斯高晋。俄国政府认可了别林斯高晋的能力，于是任命他为探险队的总指挥，同时任命米哈伊尔·彼得洛维奇·拉扎列夫为副指挥，并为他配备了 190 名水手。

1819 年 7 月 4 日凌晨 6 点，由别林斯高晋指挥的“东方”号和拉扎列夫指挥的“和平”号，驶离喀琅施塔得，前往南极洲探寻未知大陆。探险队在别林斯高晋的指挥下顺利出航，10 天后，他们到达了丹麦哥本哈根，在这里靠岸为探险队补给。丹麦的两名自然科学家，听说这支船队是驶往南极探险，特意前去请求别林斯高晋，希望能够携带他们一同前往。别林斯高晋受沙皇指派，而且南极探险之行危险重重，他权衡之后婉拒了这两名科学家的请求。随后探险队沿着格兰海岸，向加纳利群岛方向驶去。

别林斯高晋曾经在海军学校受训，后来在波罗的海服过兵役，又参加过“希望”号的环球航行，这使他拥有了丰富的航海经验，成为了一名出名的航海家。在他的指挥下，探险队顺利到达圣克鲁斯港。此时已经是 9 月份，考虑到气候的变化，于是别林斯高晋在和拉扎列夫商量后，决定从这里出发，横跨大西洋航行，然后在格朗杰岛靠岸。

在圣克鲁斯港休息整顿后，探险队就开始按照制定的航行路线航行。一个多月后，探险队在越过 45° 纬线时，竟然没有发现格朗杰岛。大家这才意识到，航海图存在很大的错误。别林斯高晋对海域和航海图做了一番研究，指挥探险队向大西洋的东南方向航行。别林斯高晋十分了解海航图对于航海家的重要性，于是他组织水手们绘制这里的精准的航海图。

一个多月后，探险队如期到达里约热内卢，在这里停留了几天后，探险队又踏上了新的旅程。11 月 22 日，他们离开里约热内卢，向南进发。航行的途中，探险队发现了南乔治亚岛。探险队在南乔治亚岛靠岸后，发现这里严寒无比，周围的一切都被白雪覆盖，于是在别林斯高晋的率领下，水手们对南乔治亚岛进行了勘测。

探险队发现，南乔治亚岛大约长 160 千米、宽 32 千米。海岛上有许多高达 2100 米的高山，波涛雄壮的冰河。岛上人迹罕至，荒凉多山，气候寒冷，由于海岛四面环海，岛上的寒风异常凶猛。这里受海洋性气候影响，大部分区域都被冰雪覆盖，只生长耐寒和冻土植物。不过这里海洋生物颇多，整个沙滩都被企鹅和海豹占据。

别林斯高晋见到南乔治亚岛被白雪大面积覆盖，他断定很快就能找到南极大陆。于是他率领探险队继续向南前行。在 1819 年 12 月 30 日，别林斯高晋一行人抵达英国航海家库克发现的桑威奇陆地。这里遍地冰雪，十分寒冷。经过地质勘测，别林斯高晋认为这并不是一片陆地，而是一个火山群岛。

发现桑威奇群岛给探险队带来了莫大的鼓励，这表示他们向未知大陆又迈进了一步。在整顿和休息后，别林斯高晋率领探险队向南航行。就在二十多天后，别林斯高晋的船队再也无法向前行驶一步，探险队就此陷入困境。

海军上将三入南极圈

1820 年 1 月 26 日，别林斯高晋和他的探险队，把船停靠在距离南极大陆 20 海里的地方。他面色凝重，注视着前方那片海域，他确信只要穿过了这片大海，就能够发现南极的神秘大陆。但是一连几天，海面上掀起汹涌的海浪，狂风席卷而过，将船队吹得摇摇晃晃。别林斯高晋几次尝试向前行驶，都被巨大的冰山封住了前行的道路。

一个月过去了，恐怖的南极寒季即将来临，气温急剧下降，海风呼啸而凛冽，扑打到甲板上的海水瞬间凝成了冰，船队面临着随时沉没的危险。别林斯高晋看到水手们冻得瑟瑟发抖，而此时船上的补给品已所剩不多。万般无奈之下，别林斯高晋只好放弃向前进发，下令向北航行。

3月25日，别林斯高晋和探险队抵达了澳大利亚杰克逊港。一路上，别林斯高晋一直在规划行驶南极的路线，考虑到寒季气温落差太大，于是他决定在悉尼度过这个冬天，稍做休整。1820年5月8日，准备好充足的补给品后，别林斯高晋率领探险队重返大海，向东方航行。没过多久，他们到达了新西兰北岛的夏洛特皇后湾。探险队航行到这里时，意外地发现了一些有人居住的珊瑚岛。别林斯高晋根据珊瑚岛的地质和历史，正确推断出珊瑚岛是因有人使用火器而形成的。他把这些珊瑚岛统称为罗西扬群岛。10月初，探险队在太平洋完成调查后，返回到杰克逊港。10月31日，探险队再次离开杰克逊港，向南行驶，朝着库克船长未到达的新西兰以南的海域前进。

别林斯高晋一行人再次向南极未知大陆进发，在行驶途中，他们经过了马阔里岛。起初他们航行情况正常，一切顺利。可就在12月14日，他们再次闯入南极圈，却遭遇了大片浮冰和猛烈风暴，此时海上天昏地暗，视野一片漆黑，几乎什么也看不清楚，强劲的狂风卷席着海浪，船队如同浮萍般飘摇。

在这次航行中，别林斯高晋的船队曾经3次越过了南极圈，其中有两次都行驶到离南极大陆很近的地方。就在第三次航行时，别林斯高晋和探险队看到远方有一个黑色的斑点，所有人在船上高声呼喊他们看到了陆地。1821年1月10日，探险队已经行驶到南纬69°22′、西经92°38′。这时他们遭遇了汹涌而来的浮冰，探险队只好再次退回去。几个小时后，别林斯高晋和水手们从离岸64千米处，用望远镜进行观察，他们看到了在冰雪映衬下高高耸立的黑色岩石。别林斯高晋在述职报告中这样写道："天地昏暗，隐约看到一个发光的黑点……

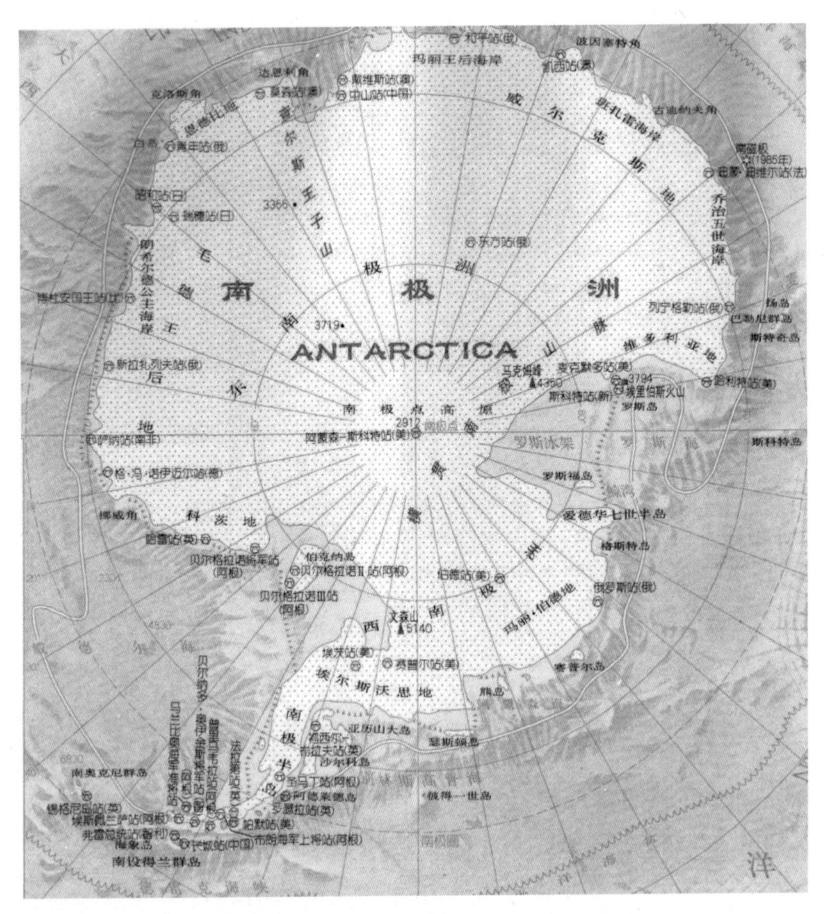

南极圈

太阳透过云层，将这片海域照得明亮。所有人都在欢呼，大家确信看见了那片白雪皑皑的海岸。原来之前看到的黑色斑点并不是陆地，而是没有被冰雪覆盖的高耸的岩石。”别林斯高晋将这座岛屿以沙皇的名字命名为“彼得一世岛”。

由于海面拥挤着浮冰，使他们无法接近彼得岛，只能沿着冰缘继续航行。1821 年 1 月 28 日，天空晴朗，万里无云。别林斯高晋站在甲板上，向远方眺望，他看到一条山岳的海岸线，海岸被厚厚的白雪覆盖，但是山崖和峭壁的斜面却没有积雪。别林斯高晋为纪念这一重大发现，他以俄国沙皇亚历山大一世的名字，为此岛命名——“亚历山大之地”。

实际上，亚历山大之地紧靠南极大陆海岸，也是南极大陆的岛屿，但别林斯高晋对这一点并不知情。直到 1940 年，龙尼带领的美国探险队来此地考察，才得以证实亚历山大之地属于南极大陆的一部分。龙尼在日记这样写道：“虽然现在还不能确定亚历山大之地是南极大陆的一个组成部分或是一个大岛，但是能够确定的是，尽管它是一个海岛，也与南极大陆非常近。”

亚历山大之地，也被称为亚历山大一世岛。它位于南纬 69° ~ 73°、西经 68° ~ 76° 之间，与乔治六世海峡南极大陆相望。由于亚历山大一世岛上有很厚的冰层，因此别林斯高晋只好绕过亚历山大一世岛，向东方行驶。当别林斯高晋航行到南极洲东部地区时，发现了恩德比地海岛。虽然别林斯高晋并没有看到南极大陆，但是他发现船队靠近恩德比地时，有无数的海鸟飞近船队，这就意味着别林斯高晋探险队已经离大陆不远了。

在航行的途中，探险队还到达了南设得兰地，经过勘测证实了它是一个群岛。南设得兰群岛位于雷德克海峡东北方向，在俄国与拿破仑进行的卫国战争期间，曾多次以远征将士们的名字命名群岛上的小岛。后来由于风暴和“东方”号破损严重，已经不能再继续考察下去，在 1821 年 1 月底，别林斯高晋下令北归。2 月 28 日，探险队抵达里约热内卢，在此停留两个月休整后，于 4 月 23 日起航回国。1821 年 8 月 5 日，“东方”号和“和平”号顺利回到母港。

回国以后，别林斯高晋并不确信“亚历山大一世岛”是南极大陆的组成部分，因此他绘制的海图以及对岛屿的勘测资料并没有进行印刷和发布。直到 1931 年，在证实别林斯高晋当初发现的岛屿是南极大陆的组成部分后，才将那份非常有价值的报告和航海图公布于世。

在1940年之前，所有人均认为亚历山大一世岛是南极洲大陆的一部分，实际上该岛并不是南极大陆的组成部分。

以别林斯高晋命名

在环绕南极航行的途中，别林斯高晋率领探险队曾行驶到南纬70°的地方。在这里，他们发现了南极洲南部陆块岸外的岛屿锡格尼岛。由于锡格尼岛外冰山重重，气温极低，伴随着强烈的寒风席卷而来，使探险队无法进行勘测工作。别林斯高晋只好放弃勘测，下令向北回航。

这是人们首次发现南极大陆，虽然别林斯高晋未能看到南极大陆，但是他的发现推翻了库克的消极论，证实南极存在大陆。人们为了纪念别林斯高晋，将南极附近的一片海域以他的名字命名，称之为“别林斯高晋海”。

别林斯高晋曾在桑威奇群岛探险时，发现一座火山岛屿。这座小岛是玄武岩组成的，它的火山口直径约150米、深60米。这座岛上最高的蜥蜴峰海拔255米，面积2.04平方千米。由于这座小岛是别林斯高晋发现的，因此被命名为“别林斯高晋岛”。别林斯高晋岛曾在1968—1984年期间爆发过，由于岛上无人居住，并没造成任何影响。

与别林斯高晋有关的岛屿或建筑远不止这些，俄国在南极设立的常年科考站有：别林斯高晋站、东方站、和平站，皆由别林斯高晋的名字命名，其中“东方站”和“和平站”是以别林斯高晋当年率领的船名命名。在南极洲还有一个海湾名为拉扎列夫湾，它位于南纬69°20′、西经72°。这片海湾是以别林斯高晋的副指挥官，即指挥“和平”号的船长米哈伊尔·彼得罗维奇·拉扎列夫命名的，意在

纪念他在南极航行中的伟大功绩。除此之外还有以他名字命名的位于南纬 69°37′、东经 14°45′ 的拉扎列夫冰架；位于南纬 69°32′、东经 157°20′ 的拉扎列夫山以及新拉扎列夫考察站。在太平洋的一个海和一个岛屿、萨哈林岛的一个海角、大西洋的一个岛、南极洲的一条大陆架冰川等也都以拉扎列夫的名字命名。

1852 年 1 月，别林斯高晋死于喀琅施塔得。1870 年，雕塑家施雷德尔为他在此地雕刻了肖像。

探索南极大陆的旅程凶险万分，别林斯高晋和一众水手，怀着满腔的热情和憧憬，不畏惧海面的惊涛骇浪，凭借过人的智慧和惊人勇气，与自然界的强大能量做斗争；他们凭借坚定的毅力和信仰，在一次次险境中死里逃生。正是有别林斯高晋这样勇于探索、敢于牺牲的人，人类才能对南极这个陌生的世界，多了一点了解。因此，后人才以他们的名字或姓氏来命名所发现的岛屿、海域或建筑，以此表达后世对他们的崇拜和赞扬。

火山岛屿

Part 6

罗阿尔德·阿蒙森：第一个到达南极点的人

在 1912 年前，.地球的另一个极点——南极，不曾被人类涉足，人类对遥远南极充满未知和陌生。1912 年 7 月，挪威的港湾迎来世界的英雄，成千上万的民众为他的回归庆贺欢呼。通过长达两年的南极点探险之旅，这位英雄最终不负所望，抵达南极点，成为历史上第一个踏足南极点的人。

西北航道的征服者

1872年7月16日，罗阿尔德·恩格布詹姆斯·格拉文·阿蒙森出生在挪威首都奥斯陆附近一个村庄的富裕家庭。他的父亲詹姆斯·恩格布雷斯·阿蒙森拥有一个农庄和一处房产，除此之外，还有航船公司的大量股票。虽然罗阿尔德·阿蒙森出生于富裕家庭，但是他并不喜欢过平稳、安定的生活，他从小的梦想就是成为一名北极探险家，并一直为这个梦想奋斗、努力。

罗阿尔德·阿蒙森的母亲对他一直满怀期待，她希望自己的儿子可以成为社会上的栋梁之才。在母亲期待、渴望的目光下，青年的阿蒙森最终遵循了母亲的意愿，考入了大学医学系，但是他对学习医术并不感兴趣。他始终想要成为一名北极探险家。

为了更加坚定自己的梦想，以及适应探险家的生活，他在冬天总要开着窗户睡觉，每天坚持用凉水洗澡，甚至在零下40摄氏度的冷空气中，也不肯使用热水。冬天的时候，罗阿尔德·阿蒙森常会徒步远行或去滑雪旅行，拥有强大冒险精神的阿蒙森，曾差点在一次滑雪旅行中丢了性命。但年轻、酷爱探险的阿蒙森却认为，那是一次相当不错的历练。

1893年，罗阿尔德·阿蒙森的母亲因病去世了。年仅21岁的阿蒙森面对了人生中第一次死亡，但是这并没有使他一蹶不振。罗阿尔德·阿蒙森放弃了大学生涯，跑到商船上打工，打算获得船长执照，以便将来自己能够驾船航行。拥有坚定意志的罗阿尔德·阿蒙森，在自己的梦想面前跨出了第一步。

4年后，年轻的罗阿尔德·阿蒙森凭借自己的勇气和智慧，在奥斯陆打出了自己的一番天地——成为了一名出色的水手。1897年，他受到雇佣，担任“比利时”号的大副，前往南极洲。这次航行由迪格拉奇船长率领众人，前往比利时南极探险。船长下令将水手们集中到甲板上，这时迪格拉奇船长开始宣布此次航行的主要任务。这次航行主要是考察南磁极，但进展并不顺利。

阿蒙森的探险队

经过一段时间的航行，“比利时”号终于到达了南磁极对面的格雷厄姆地。不幸的是，由于这里气温极低，“比利时”号在航行中意外行驶到拥挤浮冰的海域，被冰冻在浮冰里，不能正常航行，只能如同浮萍一般漂泊不定，而“比利时”号竟然受困了13个月。由于天气环境恶劣，长时间的漂泊使补给品开始缺少，船员们再也经不起海风的摧残，有一些船员出现了寒颤、高热、关节痛的症状。许多船员因没有得到及时的治疗，付出了宝贵的生命。庆幸的是，罗阿尔德·阿蒙森从小就坚持锻炼，有一个强健的体魄，他也是船队中唯独没有患败血病的两个人之一。这次航行一事无成，不仅没有考察到南磁极的勘测资料，甚至还使整个船队陷入了困境。在1899年，“比利时”号终于摆脱了浮冰的困境，返航欧洲。

通过这一次失败的航海经历，罗阿尔德·阿蒙森从中总结出不少航海的经验，并且对航海图进行了一番探索和研究。两年以后，罗阿尔德·阿蒙森被一个商人雇佣，负责驾驶一艘商船。这让罗阿尔德·阿蒙森获得了多年的航行经验，他了解了各个海道的情况，懂得如何解决航海中出现的问题。

罗阿尔德·阿蒙森虽然已经成为了一名出色的船长，但是他决定完成自己的梦想，成为一名北极探险家。多年以来，阿蒙森对于北极的狂热只增未减，他日日夜夜都向往着北极那片神秘的雪域。这也成就了罗阿尔德·阿蒙森成为北极西北航道的征服者。

北极西北航道是一条沿着加拿大北面、从大西洋通向太平洋的航线。从 16 世纪开始，人们就希望能够找到这条路径最短的航线，从而缩短从西方到达东方的距离。有不少航海家和探险家立志要通过并找到这条最短的路径，但由于这片海域的冰情太过严重，有些航海家穿过了大半航程，却无一人完全穿过、找到这条航线。罗阿尔德·阿蒙森渴望成为这条航道的征服者，更令人惊叹的是，他完成了这项艰巨的使命。

为了找到最短的航线，罗阿尔德·阿蒙森开始着手对西北航道进行调查和研究。由于西北航道与北磁极在同一片海域，因此只要穿过西北航道，就能够将对北磁极的研究充分结合起来。阿蒙森在想到解决方案后，并没有立即前往，他结合上一次航海的失败，制定了一个完美的方案。

阿蒙森找到他的伙伴——挪威伟大的探险家南森，两人一起商议勘测北磁极的事情。南森觉得阿蒙森的想法非常有意义，虽然他们两个人都是十分优秀的水手、探险家，但他们并没对北磁极考察的经验。南森认识一个年轻的地磁专家诺迈伊尔，于是带着阿蒙森前去拜访他。诺迈伊尔教授在听了阿蒙森的计划后，非常支持，他主动帮助阿蒙森和南森建立了一支专业探险队。

1903 年 6 月的一天，阿蒙森带领着他的 6 位伙伴，一起乘坐一艘 47 吨的渔船，准备出海探险，他将这艘渔船命名为“约阿”号。当“约阿”号驶出挪威时，阿蒙森激动地宣布，他们将要经过西北航道抵达旧金山，途中还要进行北磁极考察。所有的船员都和他一样满怀热情，大家在欢呼声中宣誓要完成这次伟大的航行。

梦寐以求的北极之旅

罗阿尔德·阿蒙森精明能干，在他的领导下，“约阿”号顺利抵达西北航道附近。探险队本以为成功在望，岂料这片海域的冰情太过严重。由于气温极低，加之海面拥挤着浮冰，“约阿”号没能逃脱冰冻的厄运。更不幸的是，“约阿”被冰封住将近两年。两年后，海面浮冰有所减少，阿蒙森带领着船员一边驾驶渔船，一边清理航线途中的浮冰，这才使“约阿”号获得了生机。

“约阿”号被冻结的两年期间，阿蒙森带领船员来到了附近的岛岸，并幸运地遇到了当地的爱斯基摩人。阿蒙森表明来意后，爱斯基摩人非常欢迎他们的到来，并很乐意帮助他们。在这两年期间，阿蒙森和伙伴们在这里生活，并和这里的爱斯基摩人学习了很多北极生存技能。

爱斯基摩人非常热情好客，他们带阿蒙森捕捉海豹、海象，为客人们准备丰盛的食物。阿蒙森和伙伴们住在爱斯基摩人垒建的雪屋里，他们惊奇地发现，这里没有油却能够生火取暖。原来，爱斯基摩人通常都是将海豹、海象或鲸的皮炸过后，用海兽的油作原料。在北极的生活让阿蒙森学会了如何捕鱼、制作燃料和驾驭狗拉雪橇。

北极一带气温极低，雪路难行。狗拉雪橇成了这里最有用的交通工具。为了完成对北磁极的考察，探险队必须要进行一段长途旅行。但地面都被冰雪覆盖，要想到达目的地，徒步旅行比登天还难。精明的阿蒙森想到了一个绝妙的点子，他打算驾驶狗拉雪橇到达目的地考察。在经过短时间的训练后，阿蒙森就能够熟练掌握狗拉雪橇技术。于是探险队放弃了渔船和徒步，坐在狗拉雪橇上开始这段勘测之旅。

阿蒙森在廉王岛上探查出了北磁极的位置，并发现了英国探险家约翰·罗斯约在60年前第一个测定出的磁极位置有所移动。在成功勘测北磁极的信息资料后，阿蒙森等人凯旋回来。此时“约阿”号已经化解冰冻能够正常行驶，阿蒙森在谢别过爱斯基摩人后，开始西北航道之旅。

“约阿”号虽然已能正常行驶，但海面上依然漂浮着大量冰块。为防止“约阿”号再次陷入困境，阿蒙森想到了一个办法。在渔船行驶的同时，他让船员利用接长的桨驾驶“约阿”号，使浮冰能够大范围散开。这样一来，船附近的浮冰有所减少，不会影响船的行驶。通过西北航道的旅程充满艰辛，但阿蒙森并不想放弃，反而越挫越勇。在他激昂的鼓励下，船员们也精神抖擞、充满干劲。终于在 1905 年 12 月，他们沿着西北航道的北极海岸，从大西洋航行进入到太平洋海域，完成了由西方到东方的最短途径。1906 年，他们顺利抵达目的地——旧金山。这次航行花了 3 年时间，阿蒙森终于实现了自己的梦

阿蒙森踏上北极领土

想之一，成为了征服西北航道的第一人。

罗尔德·阿蒙森的最大理想就是成为一名永久的探险家，在征服西北航道后，他又准备开始新的探险历程。阿蒙森曾说："我所做的一切，都是我毕生精心筹划、耐心准备、苦心经营的结果。"于是，他开始筹谋一件伟大的探险之旅，那是他多年来的梦想和追求——北极。

阿蒙森从少年时期，就在为这一梦想准备。他渴望踏上北极那片神秘的领土，那里洁白的雪、高耸的冰山，像有魔力般吸引着他，他渴望成为踏上北极陆地的第一个人。于是他开始规划这次北极探险。

阿蒙森有着过人的头脑，且言出必行，他说要去北极探险时，没有任何人觉得这是天方夜谭。很快他就筹集到了北极探险的资金。随后，阿蒙森开始为这次探险做充足的准备。他在海图上做出标注，又写出好几种航行的路线，最后他决定绕北极区航行，从太平洋出发，抵达北极点完成考察后，再回到太平洋。

虽然以前有很多探险家和航海家都企图到达北极，但无一人成功。因此这次探险受到了公众关注和支持。阿蒙森对于北极探险计划颇为谨慎，为此他花了 3 年时间，专门为这次探险建造了一艘轮船。这艘轮船有 392 吨重，取名为"费拉姆"号。

有了资金和轮船，再加上周密的计划，阿蒙森对此次探险非常有信心。就当他准备组建探险队出发北极时，有两则消息几乎同时传到挪威。一则是美国探险家罗伯特·皮尔里于 1909 年 4 月 6 日到达了北极点；另一则是英国的探险家沙克尔顿已抵达南极高原并返航回国，而且英国的另一位探险家斯科特已经出发前赴南极探险。这两则突如其来的消息，对阿蒙森无疑是重大的打击。虽然阿蒙森对北极探险充满了狂热，但罗伯特的成功意味着征服北极已毫无意义。由于阿蒙森受到了公众的支持和大量资金投入，再行北极也只会受到公众的指责。

就在阿蒙森愁眉不展时，他转念一想，斯科特出航不久，如果这时出航南极，说不定能够赶上。想到这里，阿蒙森立即放弃了筹划多年探险北极的念头，当即秘密组建了一支南极探险队伍。阿蒙森想，如果自己能在斯科特之前到达南极点，也不算辜负自己的梦想，而且还能毫不费力地为“北极漂流探险计划”筹集更多的资金。

1910 年 8 月 9 日，阿蒙森召集出航的船员登上“费拉姆”号，开始了南极探险之行。由于阿蒙森的保密计划做得很好，所有人都认为他是去白令海峡，执行北极探险的计划。再加上当时巴拿马运河正在开凿，因此阿蒙森顺理成章地掉头向南航行。

第一次登陆南极大陆

在“费拉姆”号航行至马德拉时，他拍下电报传到挪威，公开了自己的南极探险之旅。阿蒙森之所以秘而不宣前往南极探险，一是为了筹集更多资金，二是给竞争对手斯科特一个出其不意。

在航行 3 个月后，阿蒙森等人顺利地驶达罗斯冰架外缘。然而“费拉姆”号却出现了意外，在鲸湾遭搁浅了。此时，阿蒙森距离南极点要比斯科特探险队所在的伊万斯角基地近 170 多千米。阿蒙森当机立断，率领船员们在这里安营扎寨。

没过几天，阿蒙森和船员就建起了 7 个食品燃料供应库，并在每个供应库里准备了充足的海豹肉、黄油等食物。阿蒙森曾和爱斯基摩人学习过如何在极地生存，因此他号召船员用钢刀从冰原上切割下 9000 块冰砖，垒起 150 多个高大的路标。他在每个路标下面都藏了一张纸条，每张字条上都写着这个路标到下个路标的方向和距离，以免遭遇风雪后，出现迷路的状况。

阿蒙森简直是个天才探险家，他不仅聪明机智，而且善于吸取别人的经验和成果，并对此加以发挥和创新。他想到皮尔里曾在北极发明的给养系统——食物贮藏点。他将这套给养系统与新科技结合，利用保温瓶来盛贮食物。这不仅能够让大家随时吃到热腾腾、香喷喷的食物，还大大减少了烹饪的时间。而在伊万斯基地的斯科特探险队，此方面就显得有些笨拙了，他们要想吃上一顿热乎的饭菜，就得先花大量的时间和体力搭建帐篷。要知道，在雪山高原上保留体力是相当重要的。

1911 年 10 月 19 日，阿蒙森率领 5 名探险队员和 52 只雪橇狗，驾着 4 辆雪橇精神抖擞地出发了。

大家精力充沛，对首先到达南极点充满信心。很快，阿蒙森探险队就登上了莫德皇后山脉山峰顶。站在山顶上瞭望，群山逶迤，此起彼伏，如同翻滚奔腾的海浪。南边是南极高原，地势高峻、雪山高耸。积雪在阳光的照耀下，反射出万道金光，冰山耸入云天，与白云化为一色。

过了十几天，阿蒙森探险队来到南极高原脚下。由于这里地势高峻、群山绵延、峡谷颇多，狗雪橇很难使用，而此时队伍的食物已不多了。迫于生存和梦想，阿蒙森只好狠心宰了较为瘦弱的 34 条狗，把狗肉储存起来作为食物。就在杀狗的时候，探险员们不禁放声痛哭，这些雪橇狗陪伴他们度过了艰难的旅程，是他们忠诚的朋友。然而为解决此时的困境，只能牺牲它们。

经过一个多月，阿蒙森探险队终于到达了英国探险家沙克尔顿曾到过的最高纬度，南纬 88°23′ 处，并在这里插上了一面挪威的国旗。阿蒙森和伙伴们看着挪威国旗随风飘扬，内心无比激动，于是他们加快步伐，又挺进到离南极点只有 140 多千米的地方。阿蒙森组织大家在此地进行休息，随后便开始着手建立第 10 个供应库。

此时的阿蒙森和队友早已筋疲力尽，但他们想到征服南极点后的无限荣耀，内心充满喜悦和激动。阿蒙森和伙伴们互相鼓劲，势必要征服极点，他们在雪峰上回望走过的旅程，互相紧握住伙伴的双手，相互勉励彼此：“坚持就是胜利！”

皇天不负有心人。在翻过南极高原后，地势也变得平坦。这使探险队在前行过程中轻松了不少。

终于在1911年12月14日下午3点，阿蒙森探险队到达了南极点，光荣地完成了人类首次登上南极点的重任。他们紧紧拥抱在一起，在这里高声欢呼，激动地流下喜悦的泪水。他们爽朗的笑声在这寂静了亿万年的南极久久回响。

阿蒙森登上南极点

“我们终于揭开了地球上最后一块大陆的面纱，我们成功了！”在和伙伴们庆贺完后，大家开始对极点进行勘察，在极点的准确位置插上了挪威国旗。随后他们在这里用冰砖垒起一堆石头并插上雪橇，作为南极点的标记。阿蒙森在南极点做的标记与供给库一样，不同的是他在南极点插入了 4 面旗帜，以旗帜指出了方向，他们将这里命名为“极点之家”。

阿蒙森等人在南极点停留了 4 天，在离开之前，阿蒙森特意在帐篷里留下了写给斯科特和挪威国王的信。他在写给斯科特的信里真诚地表示了歉意，并解释自己并不是有意捉弄他的。阿蒙森相信斯科特能够到达南极点，他开始为自己的命运感到担忧。在回去旅程中，艰险万分，很有可能自己将无法活着走出南极。而斯科特登上南极点后，自己所做的一切努力都将成为泡影。尽管阿蒙森有这样的担忧，但他依然希望斯科特能够到达南极点。

1911 年 12 月 17 日，阿蒙森完成对南极点的勘测后，和伙伴们带着两辆雪橇车及 18 只狗开始返回。在回程的过程中，由于缺少食物，阿蒙森只好杀掉 6 只狗作为食物。在经过 20 多天的行程后，阿蒙森探险队终于到达了阿克塞尔·海波哥冰川的源头，就让大家看到了希望。两天后，探险队回到了罗斯冰架，在那里的补给站休息后，开始了回程之旅。

阿蒙森和伙伴们身强体壮，再加上大家都急于返航宣布他们的功绩，因此他们回程的速度很快。每天的行程能够达到 40 千米，再加上每隔 5 天，大家就会稍做休整，全员都保持了良好状态。经过一个多月后，大家到达了最后一个供给站。阿蒙森等人在这里休息了一天后，坐着 11 只狗拉的雪橇车，回到了“费拉姆”号。

1912 年 1 月 30 日，阿蒙森带领探险队顺利回到“费拉姆”号，并开船离开南极洲返回挪威。探索南极的整个过程中，阿蒙森探险队无一人重伤或死亡。除了被阿蒙森屠宰的狗，剩下的狗中也只有一只狗在回程的时候，不小心掉下了悬崖。1912 年 3 月，阿蒙森等人顺利抵达澳大利亚的霍巴特。

在这里他遇到了准备去阿德里地进行考察的道格拉斯・莫森，于是阿蒙森将有过南极之旅的雪橇犬都送给了他。在这年 7 月，阿蒙森等人顺利回到挪威，公开演讲此次的南极探险的故事。他以无可置疑的权威向世界宣布，南极点没有耸立的冰川，没有深渊的峡谷，那是一片覆满冰雪的广袤平原。这也让他获得一笔不菲的收入。

以英雄名字命名的考察站

1912 年 7 月，罗阿尔德・恩格布詹姆斯・格拉文・阿蒙森从南极顺利返航回国，他完成了人类的伟大梦想，登陆南极点，成为全世界的英雄。回国后的阿蒙森始终坚持自己的理想，他在筹集到一大笔资金后，开始计划他的新旅程——北极漂流探险计划。

探索北极是阿蒙森毕生的梦想，他没能成为第一个到达北极点的人，但这并不能削弱他对北极探险的狂热。于是他在 1916 年建造了一艘探险船，并以当时挪威皇后的名字命名这艘船为“莫德”号。在组建好探险队后，开始执行他的北极漂流计划。

在 1925 年，阿蒙森和美国极地探险家埃尔斯沃思一起乘坐飞机，首次飞过北冰洋。次年，他和意大利的航空工程师诺比莱同乘“挪威”号飞艇，完成了从挪威到阿拉斯加的旅行，这是人类首次飞越北极上空。

在 1928 年 6 月 18 日，阿蒙森为了营救海上遇难的人，从挪威离开，乘飞机前往北冰洋海域。然而在几次常规无线电通信以后，他的行踪便杳无音讯了。这位人类历史上的英雄——第一个到达南极的人，就此消失在这片海域中。

阿蒙森·斯科特考察站

在南极这片雪域莽原中，还有一位征服南极的英雄，他为探险南极事业献出了宝贵的生命。他就是英国探险家罗伯特·福尔肯·斯科特。

其实斯科特在阿蒙森出航南极的两个月前，已经驶往南极洲。但由于阿蒙森前往南极探险的事情过于保密，这让不明所以的斯科特占据了下风。最后在阿蒙森到达南极点后的一个月，斯科特和他的探险队也到达了南极点。但令人遗憾的是，南极点上已被人插上了挪威的国旗。斯科特与队友感到十分遗憾，只好返回英国。但在回返的途中，由于恶劣的天气和补给品的缺少，最终斯科特和探险队的成员都埋没在这片雪域荒原中遇难。

虽然斯科特探险队的结局是悲惨的，但他们顽强、坚韧的精神在南极探险史上谱写了光辉的一页。

自南极大陆被人类发现以后，各个国家都想对南极点进行勘测和考察。在1957年1月23日，美国在南极建立了世界上第一个考察站，美国将此考察站命名为阿蒙森·斯科特站，以示纪念这两位登陆南极点的英雄。

阿蒙森·斯科特站位于南极点海拔2900米，地理位置坐标为南纬90°。在阿蒙森·斯科特站附近，还建立了长达4270米的飞机跑道和无线电通信设备，其当时呼叫号为“NPX”，是南极常年科学考察站。由于南极冰层每年都会以平均10米的速度向南美洲方向移动，因此南极考察站的实际位置已经偏离了南极点。因此美国决定重新建造阿蒙森·斯科特站。这期间仅修建油库和机场跑道工程，就花费了5年时间。

阿蒙森·斯科特站除建立了机场跑道和无线通信设备以外，还拥有地球物理监测站、气物理学、大型计算机、气象学、地球科学、冰川学和生物学等方面的研究设备。通过这些科技设备可以对南极进行全方位的监测和考察。而这里的气象站也是岛上的气象中心。它能够精准监测南极的气象及气候变化等。它能够汇集各个气象站的观测资料，然后再发到世界的气象中心。在这里常年有30多个工作人员对南极进行勘测，并将数据信息传达到美国。

由于南极地区较为偏远且环境相当恶劣，因此科考站的物资运输也是南极考察的一项非常重要的工作。相比于世界其他地区，将物资顺利补给到考察站是相当困难的。由于阿蒙森·斯科特站位于南极点位置附近，由此每当有物资运输时，需要耗费大量资源。补给队通常会选择驾驶破冰船撞破坚冰，将船开往海岸附近。如果海岸的浮冰足够坚硬，补给队会选择用船上的吊车，将物资吊放到船旁的冰面上，再用其他方式将物资转运到考察站。海岸浮冰如果不够坚固，补给队则会将海岸浮冰进行破坏，随后由补给队驾驶船艇运送物资。

即使建造南极考察站及相关研究系统需要耗费大量的资金以及人力，但建立南极考察站，人类义不容辞，这是人类对自然世界探索的重要一步。而阿蒙森·斯科特站的建立标志着人类跨出接近南极大陆的一大步，为南极的发展奠定了基础。

Part 7

罗伯特·斯科特

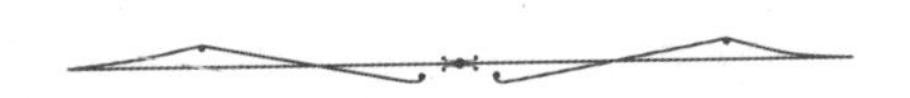

青年时的科斯特曾是一名优秀的海军军官，中年时期，斯科特爱上了探险旅行。1910年，英国宣布了一件重大事情，斯科特将前赴南极探险，他要成为第一个到达南极点的人。然而1912年传来噩耗，斯科特探险队全员在南极探险回程中，献出了宝贵的生命。在弥留之际，斯科特用日记的形式，记录下了这段艰险的旅程。

为南极洲之行做准备

罗伯特·福尔肯·斯科特出生于1868年英格兰南部的德文波特市。他生活在一个有6个兄弟姐妹的大家庭，作为家中的长子，斯科特怀有一颗热爱生活、善良淳朴的心，但他刚毅的性格注定他将来的成就。

少年的斯科特聪慧机敏，做起事情十分认真。他父亲将复兴家族的希望都寄托在斯科特身上。在他13岁时，斯科特的父亲郑重其事地告诉他，自己毕生的梦想就是成为一名海军。遗憾的是，他由于体弱多病并没有完成这个梦想，现在他想将多年的心愿交由儿子实现。年少的斯科特并不想成为一名军人，他讨厌杀戮、厌恨战争，但孝顺的斯科特不想违逆父亲的心愿，最后他在父母期望的目光中，加入了英国海军。

1881年，斯科特登上了达拉河的“不列颠”号。这是一艘旧式风帆战船，也是他的海军学校。在这里，斯科特接受了两年狂风暴雨般的魔鬼训练，这也为斯科特带来了生平的第一次荣耀。勤学苦练、心思敏捷的斯科特顺利通过了少尉后补考试，部长决定给这个机灵的孩子更多的机会，于是便把斯科特调到“波阿吉亚”号历练。经过3年的训练和成长，斯科特成为了一名干练的男子汉。他深受长官器重，于是获得了前往三级战舰“英纳克”受训的机会。长达5年时间的海军独特训练，使斯科特成为了一名的铁骨铮铮的男子汉。当18岁的斯特克回到家中时，父母亲震惊地望着脱胎换骨的斯科特，从前那个稚嫩的男孩模样已经不见了，取而代之的是一个英姿飒爽、孔武有力的年轻军人。

历经几年的训练和征战，斯科特成为了一名优秀的指挥官。他聪明的脑袋和刚毅的精神为他带来了无上的荣耀。1887年，斯科特在加勒比海中的圣基茨海岛服兵役时，由于他的突出表现受到了当时皇家地理学会会长，即英国极地探险之父——卡莱门斯·玛卡姆的重视，他认为斯科特是个值得培养的好苗子。由于斯科特表现突出，很快就接到了调往水雷艇的指令。

1899年的一天，斯科特百无聊赖地走在伦敦的街头，竟意外地遇到了当初在圣基茨海岛服兵役时的司令卡莱门斯·玛卡姆。一别12年，如今的斯科特更具成熟稳重，玛卡姆早些年就对斯科特青睐有加，因此上前与斯科特交谈。他高兴地告诉斯科特自己一直都在寻找南极探险队的队长，幸运的是他在今天找到了，并诚邀斯科特担任探险队队长。斯科特受宠若惊，他对南极探险也充满浓厚的兴趣，欣然接受了玛卡姆的邀请。

玛卡姆希望能够和斯科特详细探讨，于是斯科特便邀请他到家中做客。两个人对南极探险的计划达成一致，玛卡姆表示此次探险不仅是为了个人荣誉，如果成功英国也将获得前所未有的荣耀，这是在为科学事业和国家荣誉做贡献。斯科特本就对南极探险产生了兴趣，加之玛卡姆的激励，于是他答应了玛卡姆的请求，决定带队前往南极探险。

在经过一番准备和对南极的精心研究后，斯科特带领一行人登上了前往南极探险的“发现”号巨轮。在1901年8月6日，“发现”号驶离考维斯港，向南极进发。在抵达南极洲后，他们停靠在罗斯海岸，并在这里建立了一栋房子作为据点。随后，斯科特率领探险队克服重重险阻，最终将“发现”号挺进到南纬80°17′，创下人类南进的最高纪录。与此同时，斯科特探险队对附近的地形进行了勘察，收集了不少南极地质和气候的资料。此次探险长达两年，1904年9月，斯科特带领探险队凯旋回归。此次探险为英国带来了至高的荣耀。

南极探险

回国那天，港湾上人潮汹涌，斯科特探险队在群众的欢呼声下了船，受到全国人民的热烈欢迎。他被推崇为英国的英雄，也在这天晋升为海军上校，获得了无上的荣耀。然而斯特克却淡泊名利，他想到年迈的母亲及前几年过世的父亲和在非洲捐躯的弟弟，内心充满悲凉。在很长一段时间，孝顺的斯科特日夜守在母亲的身边，希望能够让母亲感到快乐和幸福。但母亲对斯科特的日夜守护感到很难过，她希望斯科特能够早日成家，娶妻生子。在母亲的再三催促下，斯科特在1907年，偶然结识了当时的女雕塑家卡特琳·布鲁斯。斯特克被她的美丽和温柔深深吸引。两人在接触一段时间后，互生爱慕，于是在次年，他们举办了婚礼。斯特克夫妇非常相爱，一年后，布鲁斯为斯科特生下一个健康的男孩，取名为彼得。这让斯科特感受到了家庭的温馨和幸福。

但身负重任的斯科特并没有被家庭所累，他对自己的海军生涯和南极考察事业充满了热情。在首次南极探险归来后，他就开始酝酿下次南极探险之旅。他渴望突破自己的成绩，他希望自己能够成为第一个到达南极点的人。而就在这时，伦敦传来了斯科特曾经的手下沙克尔顿到达了距离极点只有 160 千米地方的消息。这让斯科特对登上极点的念头更加强烈。

于是在 1909 年 9 月 13 日，伦敦的大街小巷都在刊登斯科特上校准备再次进军南极的报道。一时间，整个英国都掀起了征服南极点的热潮。斯科特越发想要前往南极点，他非常渴望成为到达南极点的第一人，他渴望在南极点树立起英国的国旗。

随后斯科特开始筹集探险的资金，着手准备进军南极的物资以及组建探险队。虽然斯科特主动公开此次探险是科学性的，但他想要登陆南极点的梦想已经昭然若揭。这也使斯特克背负起相当大的压力，但想到登上极点后的荣耀，他觉得一切的代价都很值得。

经过长时间的日夜奔波，斯科特探险队正式组成。斯科特甚至投入了全部的积蓄建造了一艘三桅杆的帆船，取名为“泰勒·诺瓦”号。随后，他组织了一支专业的精英探险队。探险队包括 7 名军官、12 名科考队员、14 名海军士兵。斯科特十分推崇科技，他认为机械运输很有前途，于是准备了三辆履带式的拖拉机。著名极地探险家南森教授在听说这件事后，急忙联系到斯科特，劝说他放弃拖拉机，多带些狗拉雪橇作为交通工具。他说，如果狗在探险途中死了，还能作为其他用途，甚至是人的食物，可机械如果坏了，那就什么作用都没有了。

虽然如此，但斯科特从小对狗就有很大的偏见。不过他觉得南森教授说得也有几分道理，于是决定带 3 只狗。他想起沙克尔顿在上一次南极探险中使用了马驹，而且他从小就对马有浓厚的感情，于是他派遣手下塞西尔·迈尔斯到西伯利亚挑选 3 只雪橇犬并挑选了一些马驹。

迈尔斯是一名驯狗专家，他对挑选马匹并没有经验。最后，他挑选了 3 只健壮的雪橇狗和 14 匹不适合南极探险的马驹回到了伦敦。

由于斯科特有过南极探险的经验，他觉得人力雪橇在南极能够起到很大作用，于是为探险队的成员每人都配备了三副雪橇。尽管大家都劝说他应该多带些雪橇狗，但墨守成规的斯科特还是选择相信机械。这也是这个刚毅又倔强的男人后来失败的主要原因，他过分相信人力可以战胜那冰天雪地的恶劣气候。

在准备了充足所有的物资后，“泰勒·诺瓦”号在 1910 年 6 月 1 日起航了。当时天昏地暗，大海呜咽地低沉着，海面上卷起层层巨浪，几米高的白色浪花拍打在甲板上，仿佛在预兆一场不可躲避的悲剧。

偏离南纬 80° 的“一顿仓库”

海风把风帆吹得呼呼作响，“泰勒·诺瓦”号顺利地行驶过开普敦、墨尔本，在经过近 5 个月的航程后，“泰勒·诺瓦”号抵达了新西兰。海岸边站满了人，这些都是探险队成员的家属，他们千里迢迢从家乡赶来送行，其中也包括斯科特的妻子和小儿子。

第二天傍晚，斯科特陪着妻子在查尔斯马尔斯港的码头散步，但是两人并不愉快。布鲁斯打破了沉静，她说此去南极凶多吉少，这一分别不知道何时才能相见，她希望斯科特可以放弃南极之行。斯科特非常爱自己的妻子，但这份感情依然没能牵绊住他的脚步。临行前，他将母亲和儿子交托给妻子，并承诺自己一定会活着回来。然而此次分别竟成了永别。

“泰勒·诺瓦”号乘风破浪，在航行了一个星期后进入了浮冰区。茫茫的海面上，拥挤、漂流着浮冰，阻碍了“泰勒·诺瓦”号的正常行驶。船一天也不过行驶三四海里，这让斯科特探险队感到十分懊恼。一直到 1911 年 1 月份，他们才驶达罗斯岛的伊万斯角。斯科特立即带领探险队开始建造基地，随后储存好部分补给品，准备向下一个根据点进发。由于当时天气恶劣，恶浪汹涌，这使船没有办法按原计划行驶。于是斯科特下令转向麦克默多海峡。第二天，他们抵达了埃文斯角。

新西兰的埃文斯角是极地的边缘，这里长年被冰雪所覆盖。在斯科特的带领下，探险队开始卸货、搬运物资。然而就在卸载货物的时候，一台拖拉机不幸掉进了海里，这使他们缺少了得力的运输工具。不过探险队很快就振作起来，他们在这里建起了一座木屋，将这里称为安全营地。这个时节的白昼长达十几个小时，加之时间紧迫，队员们每天都要工作十几个小时，这使大家感到很疲劳。他们每天都在抓紧时间工作：试验机动雪橇、练习滑雪和驯狗。同时，也在为建造补给品的仓库做筹备。

现代的南极探险队伍

过了几天，斯科特探险队收到一条惊人的消息。原本要去北极考察的挪威人阿蒙森，竟然返航行驶到了鲸湾，这比斯科特探险队距离南极点还要近170多千米。这对于斯科特等人来说无疑是沉重的打击。斯科特沉思许久，最后他决定按照原计划行动，全队只要全力以赴，做到问心无愧就好。

1911年1月25日，斯科特带领着12名队员、4匹马和3只狗，开始分布补给站。一个月以来，他们都十分疲劳，但刚毅的军人精神，支撑着他们勇往直前。就在前往南极的前一天，探险队的鲍尔斯意外被马踢伤了，但他并没有告诉斯科特，只是让同伴简单包扎了下。因为他怕自己会因伤势错失南极探险的机会。

1月29日，斯科特探险队终于到达罗斯冰架。他们在这里建立了营地，取名为安全营地。在储备好补给品后，他们准备向下一个补给点进发。在这片积雪荒原，人可以用雪橇滑行，但马匹却难走动一步。雪深齐过马肚子，这让马驹只能缓慢地前行。

三天后，他们终于抵达明娜崖。可天公不作美，暴风雪迎面而来。斯科特带领众人在距离埃文斯角86千米的地方设立了一个仓库。这时候，已经有两匹马快冻死了。掌管马驹的劳伦斯·奥茨向斯科特提出杀了马驹，作为食物补充体力。但斯科特并不忍心，他喜爱马驹，更不能忍受将它们杀了食用。于是他命令手下将队伍里的3匹弱马带回营地。他的手下在15天以后才回到安全营地，但马驹只存活了一匹。

现在他们只剩下5个人、5匹马和两只狗建立仓库了。狗因为缺少食物，竟然把一匹马咬死了。这让斯科特感到很心痛。暴风雪减弱后，斯科特探险队继续向前挺进，终于在2月16日到达了距离计划的主仓库位置67千米的地方。不幸的是当时天气恶劣，风雪交加斯科特决定在此地设立仓库。但奥茨并不认同，他觉得应该按照原计划将补给点设置在南纬 80° 的地方。但斯科特担心前路难行，耽误进度，拒绝了他的建议。他在日记中写到“那条合适而且明智的路线正等着我们”。事实上奥茨的提议是对的，正是由于斯科特的失误决定，才造成了后面重大的悲剧。

于是他们在这里建立好一个仓库，将 1 吨的燃料、食品储存在这里，称之为“一吨仓库”。分布好仓库以后，斯科特带领众人赶忙回到安全营地。由于马驹和狗并不能互相协助，甚至常常撕咬。为节约时间，斯科特只好将众人分成两队。由奥茨管理马驹，自己管理狗。但在回程的路程中，斯科特的一只狗掉进了冰窟，虽然在搭救它时费了点时间，但斯科特还是在奥茨之前回到了安全营地。

这时候，斯科特听说阿蒙森在鲸湾已经扎营，并带了大量的狗。他在日记中这样写道：“我们必须进行下去，就当从不知道阿蒙森来到南极探险一样……为了英国的荣誉，我们必须干得更加出色……阿蒙森离极点的距离比我们近 96 千米……令我吃惊的是他竟然带了那么多狗……他的狗能够很快在雪地上奔跑，这让他占据了优势……他可以早些出发，但我们的马却不能很快的运输物资。”

奥茨管理的马队在回程途中，可谓是惊险万分。由于积雪太深使马很难行走，于是货物只能装在雪橇上，再让马驹拉着走。这让他们感到非常疲劳，到了夜里他们在一块看上去非常坚固的浮冰上宿营。令人意外的是，半夜时浮冰竟然裂开了，使奥茨等人和马驹分开在了两块浮冰上。可到了第二天清晨，这两块浮冰又神奇的合到了一起。

第二天，奥茨等人还没来得及上岸，就遭到了虎鲸的攻击。这些虎鲸试图用力将浮冰掀翻，好让所有人都成为它们的美食。幸运的是，在千钧一发之际，队伍中一个机智的队员跳上了海岸，随后他迅速找来了帮手，将其他人救上了海岸。可惜的是，那匹小马驹成为了虎鲸的盘中餐。直到两个月后，奥茨等人才回到安全营地。遗憾的是，又损失了一匹马驹。严冬即将来临，斯科特决定大家在安全营地好好过冬，等到来年春季，再执行前往南极点的计划。

阿蒙森探险队捷足先登

到了第二年春季，斯科特开始规划进军南极的行动。他以每 4 人为一组进行划分后，制定出由一支队伍作为支援队，另外三队攀登彼得摩尔冰川的计划。在攀登的中途，一支队伍返回营地，再由支援队接替。随后再由攀登队选出 4 个人，组成极点队，由最后的 4 个人负责到达极点的重任，而其余人则返回营地，以作支援。无论是雪橇数、物资量、帐篷皆以 4 人份划分。

随后，斯科特便下令以小队的形式进军南极。这一路上的进程并不顺利，天气始终十分恶劣，有时候他们甚至一天才能走 30 千米。这让斯科特探险队陷入了恐慌。因为与此同时，在鲸湾方向的阿蒙森探险队也出发了，他们的目标也是南极点。斯科特探险队必须打起十二分精神，才能够在这恶劣的环境中求得生存。一条爱斯基摩狗跑掉了，一匹西伯利亚矮种马已不愿进食，所有这些都使人惴惴不安，因为在这荒无人烟的雪原上，一切有用的东西都极其珍贵，活的东西更是无价之宝。

1911 年 10 月 24 日，埃文斯上尉带领着队伍，驾驶着拖拉机离开了安全营地。他们需要开到南纬 80°31′ 的地方，与主队汇合。然而不幸的是，拖拉机才行驶了 64 千米，注油系统就出现了状况。在一番修理后，也没能使拖拉机再运作起来。正如南森说的，它就在雪地里成为了毫无作用的废铁。

埃文斯上尉等人只好将半吨补给品放在雪橇上，以人力拉着雪橇前往计划好的补给点。在 11 月 5 日，他们终于抵达了胡珀山，并在这里建立了一个仓库。在埃文斯上尉出发后的几天后，斯科特按计划带领其余 3 人出发了。当他路过废弃的拖拉机时并不感到意外，只是有一些失望。一路上，雪路难行，由于积雪较软，马蹄每踏一步，就陷入一个深坑，这让他们比计划的时间慢了一半。终于在 11 月 15 日，他们抵达“一吨仓库”。在这里对物资进行补给和修整仓库。斯科特把红色的煤油桶放到了仓库的屋顶上作为标记。随后，他们开始向胡珀山前进。

由于前段时间他们每天只能前进 16 千米，这让斯科特感到很焦虑。幸运的是，往后的几天他们都能够按计划匀速前进。于是他们按计划到达了胡珀山。11 月 24 日，斯科特临时改变主意，让第一支队伍以两人形式返回营地。这是因为由于严寒的天气，加之许多队员的身体出现了状况。有一些人得了雪盲症、一些人四肢严重冻伤。而那些马的饲料也越来越少，它们越来越虚弱，最后躺倒在雪地上奄奄一息。

于是斯科特探险队每隔一段距离，就杀死一匹马并建立仓库。一直到 12 月 10 日，它们到达彼得摩尔冰川时，已经杀光了所有饱受煎熬的马。他们曾经温柔地抚摸过它们无数次，可现在为了生存只能痛下狠手，将它们全部杀掉。队员们悲伤地管这里叫“屠宰场营地”。斯科特感到十分悲哀，他命令几个受伤的人组成一支队伍回到营地，又编排了一支队伍坐狗拉雪橇从近路攀登彼得摩尔冰川。所有人都在为最后的任务努力，他们能够前行到这里，靠得已经不是体力，而是作为军人的精神。

斯科特探险队遇到了前所未有的危机，他们每天走的路越来越少。雪把他们的雪橇冻成了坚硬的冰碴，使他们不得不拖着雪橇前进。在这样严寒、恶劣的环境下，队员的脚都没有了知觉，很难再前进一步。

现代的滑雪装备

12 月 30 日，探险队终于到达了南纬 87°，这已经赶超了沙克尔顿的纪录。但这也表示，只要再坚持一下，他们就能够到达南极点。

但此刻的探险队人员的伤情，已经不适合再进行任何行动了。斯科特决定从众人挑选出 4 个人，组成一支 5 人队伍，完成最后的行动。他挑选的成员有：鲍尔斯，身强力壮，他能够完成此次任务；威尔逊，虽然他身材瘦小且体力不强，但他有行医资格，尽管已多年未经实践。不过他是以动物学家的身份参加南极探险的，况且他一直与斯科特关系较好；埃文斯，他是一名上士，斯科特不希望别人认为他会偏袒军官；奥茨，陆军上尉，又负责管理马匹，立下了不少功劳，况且他也是陆军代表。其余的队员全部回到营地休养，这些队员懊恼自己的身体不够强壮，与近在咫尺的极点失之交臂。最后他们互相拥抱，用男人的方式遮掩自己内心的伤感。随后他们踏上了回程的征途。

此时斯科特等人距离南极点只有 48 千米，在这里建立好最后一个仓库后，他们决定向南极点进发。斯特克等人将雪橇砍断，制成短橇，以方便使用。在砍截的过程中，埃文斯的手不小心被割破了。他没有告诉斯科特，害怕失去这一次宝贵的机会。在经过 3 天的休整后，斯科特等人准备出发。就这时，埃文斯的伤处出现溃烂。威尔逊虽身为医生，但他们并没有医治的物资，只好为他做简单的包扎。与此同时，鲍尔斯受了严重的冻伤，这使他手脚开始变得缓慢。斯科特提出休息的建议，随后陷入了沉思。此时他们距离南极点仅有 48 千米，但以他们现在的身体状况，再往南行很有可能遭遇不测，然而其他人并不想放弃这次探险。

最后，斯科特做出了一个铤而走险的决定，他们带够从南极点往返到仓库的食物，开始向南极点进发。1912 年 1 月 16 日，在他们还有几米就到达南极点时，发现前方有一个黑色的斑点。斯科特在日记中有这样一段话："我们向前望去看到一个黑点……当我们走近一看，这个黑点原来是插在雪橇上面的挪威国旗。附近留下很多残留物，还有雪橇的痕迹……狗的爪印也很明显，显然这里有很多狗来过。没错，挪威人已经捷足先登，抢先抵达了南极点。这对我们来说无疑是天大的打击，我和我的朋友们感到心痛……我们全部的理想都破灭了，只留下无尽的忧愁和哀伤。"

斯科特最后的日记

在 1912 年 1 月 16 日，斯科特、鲍尔斯、威尔逊、埃文斯、奥茨 5 人登上了南极点。他们在这里扎好帐篷，并在这儿停留了两天。这两天他们怀着无比沉重的心情勘测了南极点的位置，测出的结果和阿蒙森等人勘测的结果有几百米的差别。这可能是因为当时的科技并不发达，也有可能是两人测得都不准确。两天后，斯科特等人决定回程。这里距安全营地有 1300 千米的旅途，斯科特在日记中这样写道："这次返程让我感到十分无聊，但更多的是疲惫。"

令人感到悲伤的是，在回去的旅程中，斯科特一行人遭遇了提前来到的暴风雪。风暴侵袭着他们疲累的身躯，这使鲍尔斯和埃文斯的伤势更加严重。他们拖着沉重的步伐，尽可能快速地走着。这些天来，他们5人白天向北前进，路上每个人都怀着沉重的心情。然而每天9个小时的行程，让探险队每个人都备受摧残。斯科特在日记中记述了队员们接连遭受病魔的苦楚：

“1月27日，星期六

上午我们在暴风雪肆虐的雪沟里穿行。一道道的雪拱如同海面上翻起的波浪。威尔逊和我穿着滑雪板在前边开路，其余的人步行。寻找路径是一件艰巨异常的工作……我们的睡袋被雪浸湿了。我们的食物越来越少，如果能够饱餐一顿，或许我们的情况会好一些……我们还有一个星期的食物，而下一个补给站离我们还有60英里……我们还要走很长的路，而这段路程又无比艰辛……

1月28日，星期日

埃文斯的手伤越来越严重了，他的5个手指都冻得起了脓疱。奥茨的大脚也冻得由蓝变黑。这让我觉得很担忧……

1月31日，星期三

埃斯文的指甲掉落了两个。奥茨的脚趾也大多变黑。我们的旅行变得越来越艰难。

2月1日，星期四

一天大部分时间都在艰苦跋涉……我们只在12月29日才草草吃过一次午饭，现在我手里还有8天的粮食，应该可以到达下个补给站。

2月2日，星期五

斯科特跌倒了，肩膀严重碰伤……”

尽管一路上他们饱受病魔的折磨，但他们依然凭借强大的毅力，向北前行。幸运的是，因为顺风，斯特克等人在2月7日完成了500千米左右的旅程。这也让他们离开了南极点的高原部分。接下来的几天里，斯特克等人的行走速度明显下降。他们在到达比尔德摩尔冰川后，

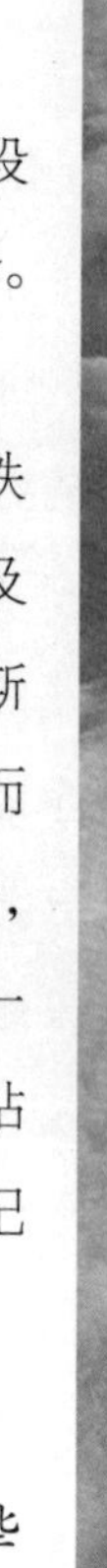

几天才前进了100千米。然而更不幸的是，在这段行进过程中，埃德加·埃文斯的身体情况严重下降。他的手已经严重腐烂，甚至再也不能站直身体。

2月4日，埃文斯在行进的过程中，一下子跌倒在地，而这次跌倒使他行动更加踉跄。斯科特及其他3人为埃文斯的身体情况感到担忧。但埃文斯拒绝了停留休息的建议，他害怕由于自己的病情而拖累其他人生还的可能。埃文斯凭借着自己的毅力，艰难地行走在这片雪域中。在2月17日，他又一次跌倒在积雪之中。而这次跌倒，让他再也没有站起来——埃文斯在冰川脚下死去了。斯科特在日记中记载了这一悲惨的经历：

“2月17日，星期六

今天情形很坏。埃斯文睡足一觉以后显得好些了。他像往常一样说自己一切正常。他坚持走在原来的位置上，但半小时后他弄掉了雪滑板，不得不离开雪橇……我们在等待埃斯文一小时后，他跟了上来，但走得很慢。半小时后，他的鞋子又弄丢了，我们站在纪念碑岩半腰眺望埃文斯，后来又扎下帐篷吃午饭。饭后埃文斯没有露面，我们四处张望，看见他在离我们很远的地方。这下我们警觉起来，4个人一齐往回滑去。当我来到他的身边时，被他的样子惊呆了。他跪在雪地上，衣衫不整，手套没了，手上结满了冰凌。他眼里射出疯狂的目光。我问他发生了什么事，他慢慢地说他也不知道，他感觉自己昏过去了。我们把他扶起来，走了两三步他

南极遭遇暴风雪

又倒了下去……当我和威尔逊、鲍尔斯拿来雪橇时，他已经失去了知觉。后来我们把他抬进了帐篷，但他已经不省人事了。午夜12点30分，他默默地离开了人世。”

他们把埃文斯装在了他的睡袋里，然后把他埋在了冰雪之中，为他举行了简单的葬礼。随后，斯科特等人继续向北前行。此时的探险队距离安全营地还有670千米的旅途。但是暴风骤雪凶猛地袭击着斯科特等人，在如此恶劣的天气下，他们的手脚被冻得麻木了，雪盲症让他们的视力下降得厉害，饥饿和严重的疲倦消耗着斯科特探险队的毅力、消磨他们的精神。他们挣扎着千疮百孔的身躯，艰难地向北行进。

这段旅程艰险重重，他们步履蹒跚地走着，终于来到了补给仓库。

他们原本想在这里吃上一顿美味的佳肴，但现实却给他们带来沉重的打击。由于气温极低，焊锡的油桶被冻裂了，这使仓库的燃油都漏没了。这让他们的补给情况变得更糟糕。

之后的几天里，奥茨的身体状况急速下降。他曾在战场上受的旧伤因为恶劣的环境而引发了，这让他的精神和身体，都受到了严重的摧残。没过几天，奥茨开始体力不支，眼神呆滞。斯科特等人担心极了，他们决定在这里驻扎帐篷，等奥茨身体好转后再行动。冷风呼啸，如此恶劣的天气，斯科特等人在帐篷里也没有感受到温暖。他们所剩的补给品已经不多了，他们在少量的补充食物后，几个人依偎着度过了这个严寒的夜晚，但奥茨的身体状况并没有好转。斯科特的日记中这样记载：

“2月26日，星期日

夜晚冷极了，由于白天穿的鞋袜没有晾干，我们只能双脚冰凉的出发了……我巴望着下一个补给站，到了那里，我就能带足食物继续出发了。

3月4日，星期日

我们现在处境困难，但每个人都没有泄气……奥茨的身体状况不是很好，我担心他又要受折磨了……求上帝保佑。我们能到达下一个补给站吗？其实只有很短一段距离了。如果没有威尔逊、鲍尔斯始终士气高昂地克服困难，我真不知道该如何才好。

3月5日，星期一

午饭时间。……奥茨的身体情况更糟糕了，昨晚他的一只脚肿得厉害，只能一瘸一拐地走路……我们走了5小时，雪橇翻了两次，我们徒步拖运，走了55英里。我们谁也没有预料到会有这样的低温，而低温对威尔逊的影响最大，这主要是因为他总是牺牲自己的体温去为奥茨暖脚……我们的食物已经不多了，我们决定冒险按全额进行食物配给。在这个时候，我们无法饿着肚子前进。

3 月 6 日，星期二

昨天下午，在风的帮助下我们略有起色，全天完成了 95 英里，距补给站还有 27 英里。但今天的情况却很糟糕，我们每小时连 1 英里都走不到……奥茨的脚上越来越严重了，但他从不抱怨，只是在帐篷中越发地沉默。我们现在尝试着用酒精灯代替煤油灯，以便在油料耗尽之时使用。

3 月 7 日，星期三

情况还在变坏。今天上午我用了 4 个小时只走了 4 英里多路程，现在距补给点还有 16 英里。如果那里有足够的补给品，我们应该可以顺利到达胡珀山补给站……奥茨的情况越来越糟，他正面临步步逼近的危机。

3 月 8 日，星期四

我们的境况十分危急，如果补给站再出现油料短缺的情况，我们就只有请求上帝保佑了。

3 月 10 日，星期六

奥茨的脚更糟了。他情绪很低落，他已经知道自己挺不过去了……昨天我们行进到了胡珀山脉的补给站。但我们所需的补给并未得以充分补充……

3 月 11 日，星期日

奥茨非常地虚弱，我们感觉到他已经接近生命的终点了。我们除了鼓励他，再也没有其他办法……今天早晨启程时，我们看不清东西，失去了轨迹，寸步难行。距离下一站还有 55 英里……”

3 月 15 日，奥茨拖着被病魔折磨的躯体，告诉斯科特自己将面临死亡，他希望斯科特可以放弃他，但遭到队员们的反对。他忍着病痛，艰难、挣扎着和其他人走了几英里后，再也无法前进。1912 年 3 月

17日早晨，奥茨神情呆滞看着其他人，他对斯科特说："我想一个人出去转转。"

过了好一会儿，奥茨还没有回来。斯科特觉得很异常，他和鲍尔斯、威尔逊一起出去寻找。白茫茫的雪野中并没有奥茨的身影。斯科特等人在风雪中大声呼喊奥茨的名字，但没有人回应。一个悲痛的想法充斥他们三人的心里——奥茨死了。他的尸体至今仍未被发现。

随后斯科特、鲍尔斯和威尔逊开始整理行囊。他们将纬仪、一架相机和奥茨的睡袋留在了这里，只带上了日记和地质标本开始向北前进。在白天零下四十度的严寒天气，斯科特和其他伙伴互相鼓励着向北前进。斯科特想把这一路上最真实的经历记录下来，因此每当午饭或其他间歇时间，他便会以日记的形式记录这段旅程。在奥茨死亡后，斯科特在日记中写道，他们第一次对回到埃文斯角感到怀疑。两天后，他们在向北前进了32千米后，来到了偏离原计划补给点位置21千米处，扎下了最后的营地。

死前写给爱妻的信

第二天，席卷而来的暴风雪阻挡了斯科特等人的脚步。在接下来的9天里，斯科特及伙伴们消耗了所有的补给品。而他的日记也在1912年3月23日时停止了记录。

1912年3月19日。此时，斯科特等人距离补给站还有34千米。由于暴风雪更加肆无忌惮，他们只好停止前行。斯科特的脚已经冻得麻木，不听使唤了。鲍尔斯现在的状态最好，但他也饱受严寒和饥饿。他们几乎消耗了自己最后一丝力气搭建好帐篷，食用了一些肉和饼干作为晚餐。不幸的是，此时他们距离"一吨仓库"还有3天的路程，然而他们只有两天的食物和勉强足够一天的燃油。所有人的脚都遭受了严重的冻伤，斯科特的右脚根本不听使唤，他只能凭借左脚勉强行动。

3 月 21 日，又是一个暴风雪肆虐天气。斯特特等人距离补给站不到 17 千米了，但糟糕的天气使他们延误了进程。威尔逊和鲍尔斯抱着渺茫的希望前往补给站寻找油料。而斯科特由于严重脚伤留在了营地。不幸的是，威尔逊和鲍尔斯顶着风雪回来时，并有找到任何燃料。

第二天和第三天，暴风雪依旧狂啸，这使他们无法前行。斯科特在日记中写道：

“威尔逊和鲍尔斯无法动身——明天是最后的机会了——油料没了，食物也只剩下一点点——我们接近死亡了。我们决定让一切顺其自然——我们将向补给站进发，自然地死在归途。”

接下来的几天里，斯科特停止了记录日记，但在 3 月 29 日，他在日记本中留下了最后的遗言。他在日记中写道：

“3 月 29 日，星期四。自从 21 号到现在，西南偏西方向的风持续地刮着，我们的油料只够煮两杯茶，20 号还剩下两天的食物。每天我们都时刻准备启程出发前往 17 千米之外的补给站，但帐篷外始终到处是风雪的漩涡。现在我想，我们已不可能再指望情况好转了，但我们会坚持到最后一刻，不过我们已是越来越虚弱了。当然，末日不远了。真的很遗憾，但我想我不能再写下去了。最后补充一条：希望上帝保佑，照顾好我们的家人。”

除此之外他还给妻子、母亲、威尔森的母亲、鲍威尔的母亲、他之前指挥官写下了信。还有一封写给公众的信，在信里他为探险队此次南极之行的失败做了辩护。他将探险的失败归结于不好的运气和恶劣的天气。斯科特在信的结尾处写下一段感人至深的话：

“我们知道此次南极之行是冒险的。我们并没迎来好运，这是天意。我们并不为此感到后悔和埋怨，我们会拼尽全力……倘若我们活了下来，我将向世人讲述我的伙伴们的毅力、勇气和进去，以此激励每个英国人。即使我们死去，我们的遗骸和这些便条也将讲述我们的故事，我们的祖国一定会证明，我们没有辜负人民对我们的信任。”

低温的南极

斯特克写给妻子最后的一封信，是在死前最后几天分开写完的，他将自己对爱妻的全部情感都寄托在这封信中。

给我的遗孀：

我最亲爱的妻子，我们现在正面临一个紧要难关，我不知道我们能否平安回来。这里的白天零下几十摄氏度，十分寒冷，我只能利用短暂的午餐时间所获取的一点点热量来写一些信，这些信很可能是最后的告别了。第一封信自然是写给你的，因为无论走路还是睡觉，我想得最多的就是你。如果我遭遇到不测，我希望你知道你对我来说有多么重要，我会带着你和我那些美好的回忆离开这个人世……

亲爱的，我希望你能理智地接受我的离去，我也相信你会这么做。我们的儿子会带给你安慰，我希望你能把他抚养长大，他能够平安地和你在一起，我很满足。我相信你和儿子都会受到国家的特殊照顾，不管结果如何，我们毕竟为国家献了生命……

我很想给我们的孩子写一封信，好让他知道我对他的爱和亏欠，但我没有多余的时间了。亲爱的，你不要为我的离去感到悲伤。我希望你可以找到合适的人再婚，由他来替我照顾你，我会觉得放心。我希望你能快乐地生活下去，我也希望我能成为你的一个美好回忆。当然，我的死亡对你来说一点都不羞耻，我是为国家捐躯，我希望我们的孩子也能因为有一个值得他骄傲的父亲，有一个好的起点。

亲爱的，这儿的气温太低了——零下70摄氏度，我几乎无法写字了。我们除了躲进帐篷，再没有其他遮蔽的东西——你知道我一直很爱你，我一直非常非常想念你。亲爱的，我想我们就要死在这里了。我并不畏惧死亡，但我一想到再也不能见到你，就心如刀绞。不过，该发生的终究要面对，你鼓励我做一个优秀的领导人，这是我的工作也是我的理想。我知道你觉得这很危险，但我从头到尾都完成自己的任务，你会为我感到高兴吗？

写完上面这些后，我们现在已经距离补给站只有11英里了。在这段路程中，我们只吃了一顿热饭，吃了两天冷食。原本我们是可以抵达补给站的，但一场可怕的暴风雪阻碍了我们，——我想我们已经失去了最好的机会，我们不会自杀，而会坚持到最后一刻。这场战斗没有痛苦，所以你不用为我担心……相反，我对你和孩子的未来充满担忧。亲爱的，我相信你能把孩子教育得很好，他会成为一个出色的人。我希望你能让他多学一些自然和历史，这对他以后有很大的帮助……我真希望能够看到他长大后的样子，然而我没有机会了。亲爱的，我很抱歉，我希望你能坚强地面对这一切。我把你和孩子的照片放在胸前，我非常地想念你们。在巴克斯特夫人送我的那个红色摩洛哥小箱子里，装着我的一些私人物品。里面有一面我在南极点竖起过的英国国旗，还有阿蒙森的旗和其他一些小东西。你把那面英国国旗中的一小块送给国王，另一小块送给亚历山德拉王后。其他的由你保留，算是一些微薄的战利品吧。

我有太多太多关于这次旅程的故事想要告诉你，这趟旅行比舒服地躺在家里，不知要好上多少倍。你可以给孩子讲很多很多故事，可是我付出的代价也是如此昂贵——我再也见不到最最亲爱的你了……

斯科特的死亡时间推测为1912年3月29日，也可能是3月30日。当时“泰勒·瓦诺”号来到埃文斯角，准备接应斯科特等人。意外的是，直到3月份，斯科特等人也杳无音信。这让其他探险队的成员担心不已。但由于当时天气恶劣，又是极夜，救援队无法进行搜救。最后，在留下13名志愿者后，其余成员都返回英国了。

直到8个月后，天气回暖，救援队才找到斯科特等人的营地。当时他们的帐篷已被积雪覆盖，救援队发现雪原中有个雪堆，扒开一看，这才发现斯科特、鲍尔斯和威尔逊三个人的遗体。正如信中所说，他们安静地在帐篷中等待着死亡。斯科特的遗体位置表明他在三人中最后一位死去。他们的遗体附近还有十几千克的岩石标本以及阿蒙森探险队留在南极的信件。斯科特的一些遗物按照他的遗愿交给了他的妻子，还有一部分被保留在南极。英国国王追封他为骑士。

南极探险失败之探究

在世界闻名的伦敦市中心滑铁卢广场上，屹立着两尊熠熠生辉的铜像。这两尊铜像早已成为英国冒险和探索精神的象征。它们分别是约翰·富兰克林和被称为“失败中的英雄”的罗伯特·福尔肯·斯科特的铜像。之所以称斯科特为失败的英雄，是因为他在南极探险史册上，留下了悲壮的色彩。

斯科特在探险南极之旅中遭受了严重的失败。他曾在遗留的公开信件中，这样归结自己的失败原因：这里的天气非常恶劣……好运并没有站在我们这边，这是天意。虽然南极恶劣的环境和运气也是斯科特探险队失败的原因之一，但后人对他的失败进行了详细分析，认为这并不是斯科特探险队失败的主要原因。

后人认为，斯科特失败的主要原因是，他没有运用极地人生活的经验。斯科特在出发之前曾让下属塞西尔·迈尔斯到西伯利亚挑选狗和马驹。由于迈尔斯是狗专家，他很容易地挑选了适合极地环境的雪橇狗，但因他缺乏马的知识，因此他挑选的西伯利亚矮种马并不适合极地生存。

沙克尔顿在南极探险旅程中，曾使用大量马匹作为交通工具，但沙克尔顿并没有抵达南极点。斯科特一味相信人力、机械力，却没有依循爱斯基摩人在极地的生活方式，因此他在临行之际准备了机械拖拉机、马驹和少量的狗。由于西伯利亚矮种马很难适应极地的低温酷寒，而雪橇狗相比矮种马，则可更易适应极地的环境。且矮种马体重较重，难以在雪面行走；雪橇狗则可以在极地雪路拉动雪橇。这使斯科特在南极探险时，无法使用狗拉雪橇，而矮种马也没有达到省力的目的。这让斯科特探险队以滑雪橇或徒步的方式耗费了大量的体能。

在斯科特探险队抵达埃文斯角时，斯科特曾在日记中记述他看到阿蒙森探险队带了大量的狗。这是因为阿蒙森断定人的体力和西伯利亚矮种马都无法抵御南极的严寒，只有北极的爱斯基摩狗才能在极地拉雪橇前进。阿蒙森依循爱斯基摩人的生活经验，在开始南极探险之前，带来了34条爱斯基摩狗，顺利完成了去南极点的往返路程。这不仅节省了大量的体力，在食物匮乏的情况下，以狗肉充饥，这才在艰难地南极环境下活了下来。

然而斯科特主要用西伯利亚的矮种马，在前往南极点的路上就被冻死了，后来又作为充饥的食物。而他带的少数爱斯基摩狗，在路上就跑了，这迫使斯科特探险队过早地接受了严峻的挑战。因此他们在回程的路上，只能靠人拉雪橇前进。这样一来，速度就大打折扣，遭受灭顶之灾也就成为必然了。

同时，在分布仓库时，斯科特的一个错误决定导致了他们最后的悲惨命运。在分布仓库时，由于斯科特未听从奥茨的建议，在原计划范围内建设仓库，而是将放有一吨补给品的重要仓库建设在偏离原计划 67 千米的地方，这使斯科特探险队在回程的途中，在偏离补给仓库的地方扎营，从而没有及时得到补给，最后在补给品严重缺失的情况下，在南极遇难。

在斯科特探险队回程时，提前遇到了南极冷空气，这使他们在补给品不足的情况下，陷入了困境。恶劣的环境也是斯科特探险队失败的原因之一。不过即使斯科特犯下了致命错误，但他和队员们的勇气和毅力，依然可歌可泣，值得被世人颂扬。

斯科特领导的南极探险队的命运是悲惨的，探险队在抵达南极点后，在返程的途中最终不幸遇难。但他们用顽强的精神和悲壮的事迹，向世人宣告了他们死得其所。即便斯科特等人未能完成第一个登上南极点的任务，但他仍被认为是人类极地探险史上一名悲剧性的英雄人物。

Part 8

中国对极地的探索

世界的南端，是一个充满魅力的冰雪世界，它被赋予“神秘领域”的美誉。自18世纪以来，这片“神秘领域”始终独属于西方世界，它周围的岛屿、海域或被西方探险家、航海家命名，或被某个世纪的国王命名，甚至是某个渔夫、海盗的姓氏……直到1984年，南极的空中终于飘扬起标志中国的五星红旗。

南极洲的中国来客

1958年11月17日清晨6时15分，南极螺丝湾大地上出现了一名黄皮肤、黑瞳孔的中年男人，他的眼睛里绽放出光彩，笔挺的身姿在这片白色雪域留下深刻的印象。他就是第一个在南极探险的炎黄子孙——张逢铿。

张逢铿是黄山市歙县岔口镇大坑源十八说村的乡间小伙子，在他年幼时期，就住在这座不起眼的小山村里。他在山村小学读书识字，后来到徽州中学学习知识。张逢铿不仅学习成绩优异，而且勤学多问，一路上他从山村走到城市，在考入南京皖中后，经过3年的刻苦学习，他收到了湖南大学的录取通知书，随后又在玉门油田等地度过了几年，于1952年12月1日由香港乘船赴美留学。

张逢铿在美国留学期间，相继完成了新墨西哥采矿理工学院和圣路易大学地球物理及物理勘探专业的学业，先后取得了硕士、博士学位。就在“国际地球物理年”探索第四号计划的信息传到圣路易大学的时候，张逢铿坚定地申请了成为此次计划的成员。张逢铿不仅在学业上取得了不小的成就，为人也极为端正。他的导师麦卡文听说他的志向后，鼎力推荐了他，美国国家科学基金也对他进行了高额资助，这让他幸运地加入到来之不易的南极研究计划之中。

36岁的张逢铿，在1958年11月17日抵达南极，他在这里工作了整整15个月，他在素有“世界冰极、风极、冷极”的南极大陆度过了一段刻骨铭心的美好时光。在这15个月期间，他曾穿越南极腹地，一直向西南行进，到达西南极海滨。这段行程达1000多千米，获取到了非常珍贵的考察资料。

张逢铿博士在南极进行考察工作时，曾为南极地震勘测作出了突出的贡献。美国政府对其进行了嘉奖。1963年2月8日，美国政府特

南极的山峰

将南纬 70°44′、西经 126°38′ 位置的一座南极山峰，以张逢铿的姓氏命名，并为他颁发政府金质奖章和奖状。张氏峰高耸入云，巍峨雄伟。从此，南极首次有了以中国人姓氏命名的山峰。2002 年 2 月 12 日，80 岁高龄的张逢铿收到了儿子送来的一份宝贵的贺礼——一幅南极大陆地图。而这张地图上赫然显示着“张氏峰”的地名。这件事在他们当时居住的城市也成为一段佳话。

中国科学院地理所地质地貌学家张青松，曾 4 次前往南极洲考察。1979 年，张青松和国家海洋局远洋物理学家董兆乾受到澳大利亚南极站的邀约，前往南极洲考察。在临行之前，张青松在写给党支部的信里写下了这样一段话：“此次南极之行，我一定努力争取最好的结果，顺利归来。若我不幸遇难，请将我的遗骨永远留在那里，作为我国科学工作者第一次考察南极的标记。”

张青松和董兆乾在顺利抵达南极洲后，在南极洲生活了 43 天。

这43天里，张青松和董兆乾作为科研人员，访问了澳大利亚设立在南极洲的莫森站。他们夜以继日地勤奋学习，研究、勘察南极洲的地质和资料。在1980年，他们再次受到邀约，参加澳大利亚组织的联合考察。

1980年1月8日张青松和董兆乾从广州启程，在历经5000千米的旅程后，抵达澳大利亚的墨尔本市，并受到热烈的欢迎。1月11日，张青松、董兆乾随澳大利亚南极局长、副局长等人从新西兰基督城出发，飞往南极洲考察。

当天下午7点，飞机顺利抵达麦克默多国际机场宽阔的跑道上。尽管他们已经穿了极具保暖性的衣服，但在踏入南极大陆时，依然感到严寒席卷全身。张青松和董兆乾是作为中国的科学家登上南极大陆的，这让他们感到十分的骄傲和自豪。他们满怀激情地踏上南极洲的冰原。此次考察，张青松和董兆乾在澳大利亚南极局看到了从戴维斯站区采集的湖泊沉积和贝壳化石。1月14日，张青松、董兆乾再次登机，在飞行2000千米后抵达凯西站，也就是此行的目的地。凯西站虽然并不壮观，但一应设备都很全面。这里不仅有必需的生活设施和物资储备，还有先进的信息发射站、修车间、发电厂、接受站等。

张、董二人此次造访凯西站的主要任务是学习和了解有关南极建立考察站的技术设施问题。他们参观了凯西站温室内培养的绿植和蔬菜，还看到山谷中生长的农作物以及一些南极植物。在考察建筑的过程中，他们发现这里的房子都是建在2米以上的高空中。这一新奇景象引起了他们的关注。他们为了能够获取暴风雨肆虐时海洋的变化及海浪的形态、特征，曾冒着生命危险，匍匐在地上，蠕动着一点点向前爬行，拍摄下一组组珍贵的资料信息。他们这次访问不仅增加了中澳两国科学家的友谊，而且也为中国日后建造南极考察站，积累了丰富的经验和技术知识，做好了充分的准备工作。

后来，张青松在参与1980—1981年澳大利亚戴维斯站越冬考察队时，除了研究戴维斯站地区的地貌与第四纪环境变化还学习了建站和管理经验，为中国建设南极考察站作准备。他在戴维斯站工作生活了将近一年，在澳大利亚南极局工作了两个月。这也让他成为中国第一个在南极越冬的人；当时董兆乾则首次代表中国前往冰海探险，游览南大洋。

1984年10月，张青松和董兆乾为修建长城考察站第三次前往南极洲，他和董兆乾被任命为中国首次南极考察队副队长，协助郭琨队长建设南极长城站。

1988年12月到来年2月，张青松再次到长城站考察。用整年时间收集了石环生长的数据并撰写了一篇重要论文：东南极大陆维斯福尔德丘陵与西南极乔治王岛冰缘地貌的比较研究。其中石环扩张数据，对定量研究极地冰缘地貌做出了重大贡献。

中国揭开南极的神秘面纱

1983年9月，神秘的南极洲正是风光旖旎的季节。《南极条约》国第12次会议在澳大利亚堪培拉召开。郭琨作为中国政府第一次派出的代表团出席了此次会议。

会议的议题多达30多项，全部都是围绕南极环境保护和科学研究以及南极电讯等世界关注的话题开展。在参与会议期间，郭琨等人受到许多不同国家用各自语言的友好问候，向中国朋友表达友好的情谊。澳大利亚、新西兰、阿根廷、智利等国家的代表，都郑重地邀请中国科学家和他们一起工作，进行研究。

然而，郭琨却始终怀着不平的心绪参加完这次国际会议。由于当时中国还没有在南极建立考察站，虽然加入了《南极条约》，但我国只是缔约国的一员，并非协商国，因而没有表决权。

每当一个项目议题经过热烈讨论后，在进入表决阶段时，主席团主席就会猛敲一记闷锤，随后大声说：“请缔约国代表退到会场外喝咖啡。”此时的郭琨等人虽心中愤懑，却也无可奈何，只能默默退出会场。在会场外，郭琨看着稀疏的几人，心中涌上一股悲痛。他愤愤不平地想到海域上海岛的名字大多是以那些西方各国的探险家、航海家、商人甚至是海盗的名字命名，而拥有千百年文化的泱泱大国，却连走进南极都成了一件难事。这样的不平等待遇，使郭琨决定我国必须要在南极建立考察站，绝不再受他国的歧视和小觑。

自18世纪以来，极地探险家和考察站大多都由西方列强占据，而南极这片充满神秘，也是地球最后一片不归属任何国家的地域，竟然没有中国的立足之地。回国后的郭琨想到中国在堪培拉会议受到的屈辱，想到国家的荣誉和尊严，久经思虑后，郭琨以代表团的名义，向国务院提交了一份言辞恳切的报告。他在报告中提出尽快向南极派出中国考察队的建议，并在南极建立中国的考察站。

其实在1982年，郭琨及中国南极考察组曾先后两次到访阿根廷、澳大利亚等国的南极考察站访问。此次访问主要吸取建立考察站的经验，以及建造高架式房屋的方法及其他实验站的经验，为中国建立南极考察站作好充分的准备工作。

中国科学界对南极一直充满热情和向往，在1984年2月，中国科学院召开的“竺可桢野外科学工作奖”会后，获奖的王富葆、孙鸿烈等32位科学家，以《向南极进军》为题，联名致信党中央和国务院，建议中国在南极洲建立考察站，进行科学考察，并希望党中央早作决定，他们随时听从祖国的召唤。国务院领导批示，同意在南极洲建站和进行科学考察。

到1984年7月，郭琨终于拿到建设南极考察站的批文，他在兴

阿根廷

奋之余也感到巨大的压力。此时距离他首次南极科考和建站筹备时间仅有 4 个月了。郭琨等人及国家政府为此次南极科考，作了充分的准备工作。

在准备工作中，国家海洋局海洋预报中心收集、翻译了 15 万字的南极气象文献资料，在统计南纬 40° 以南 5 年夏季气象资料后，又搜集了 5 个国家的南极站 5 ～ 10 年的气象观测资料。在这繁多的资料之中，也显现出此次南极之行道路有多么艰险。

中国离南极海域相隔甚远，要想到达南极海域需穿越 98 个纬度、183 个经度、10 个群岛区、13 个时区。而这段长长的海路，还要穿过东北信风带、赤道无风带和南半球的东南信风带、盛行的西风带及南极的极风带，其中还要驶过惊险万分的台风区、西风带和活动在极区的风暴海域。最为困难的是这条赴西南极洲海陆的路线没有现成航线可寻，科考队从1200多张中外海图和150本海洋、极地资料中绘出了一条航线。此次赴西南极洲海陆充满险阻，但这不能阻碍中国科考队对其探索的决心。

郭琨在做好资料调查后，考虑到南极只有冬夏两季，且年平均气温低达零下25摄氏度，而极地最低气温曾达零下89.8摄氏度，是全球最冷的陆地。而且南极洲海面常年漂流着巨大的冰山，要想顺利驶达南极，最有效的工具就是破冰船。而当时我国还未制造“雪龙”号这样强有力的破冰船，在没有破冰工具的情况下，郭琨并没有推卸肩负的重担。

郭琨曾说，没有破冰船，我们的南极之行会受限制，但不代表没有它，我们到不了南极，建不了科考站。当时国家海洋局选用了“向阳红10号”科学考察船和海军J121船来完成此次艰巨的任务。“向阳红10号”是我国自行设计制造的第一艘万吨级远洋科学考察船。虽然它没有破冰能力，但它的远洋能力在当时的国内首屈一指。船的操纵性和适航性能极好，能够抵抗12级风浪，即使船体破损，任何两舱进水也能保证不沉。海军J121船是一艘大型打捞救生船，它与“向阳红10号”同行南极，为南极科考队做强有力的保障。

1984年11月20日，由郭琨带领的南极科考队由上海起航，开启了南极之旅。在同年12月26日，中国南极科考队终于抵达南极。由于“向阳红10号”与海军J121船没有破冰能力，这使两船不能直接进入冰层覆盖的南极腹地。因此科考队选择在西南极的乔治王岛停靠，将此地作为中国第一个南极考察站的站址。1984年12月31日，这是值得被铭记的一天。中国南极科考队首次登上乔治王岛，并在南极洲插上了第一面五星红旗，中国人终于揭下了南极大陆的神秘面纱。

我国从第一次南极考察至今已有32年。2014年8月，一座以“泰

山”命名的科学考察站在东南极内陆冰盖腹地建成开站。它是我国第4座南极科学考察站，也是国际南极大陆的7座内陆考察站之一。

首次建立南极考察站

1984年11月20日，由陈德鸿总指挥的中国首次南极考察编队以及南大洋考察队全体人员，乘坐上“向阳红10号”远洋考察船和“J121”打捞救生船，由上海黄浦江畔码头出发，他们在全国人民的期待下，开始了此次南极之行。

此次南极之行声势浩大，由郭琨率领的准备登陆的考察队员就有50人，金庆明率领的南大洋考察队员有26人。除此之外，还有各专业的科学家、工程技术人员、海军军人、水手、厨师等人员，共589人前往南极探险。这样庞大的阵容在南极考察历史中实属盛况空前。

由于船队没有破冰能力，不能前往南极洲海冰区航行。因此考察队决定在乔治王岛选址建长城站。11月26日，船队穿过关岛，在接下来的5天里，船队穿越赤道，向西南海域前进，进入南纬45°的南太平洋海域，并绕过南美洲的合恩角，从太平洋航行至大西洋。历时28天的航行后，船队在12月23日抵达火地岛的乌斯怀亚港。在此地整顿休息后，开始向以风暴频繁闻名世界的德雷克海峡行进。经过两天的顺利航行，此时船队已与乔治王岛隔海相望。最终在12月26日当天，“向阳红10号”远洋考察船和海军J121船顺利在乔治王岛的麦克斯尔湾停泊靠岸，到达登陆考察的目的地。

在经过勘测和地理位置的考察后，科考队发现南设得兰群岛位于南纬61°到63.22°之间，由11个大小岛屿组成。其中乔治王岛面积达1100千米，可谓是群岛之首。由于该岛也是南极半岛的海上延伸，因此考察队决定在此设立中国的第一个南极考察站——长城站。

为按计划在南极夏季结束前完成建站以及相关考察任务，队员们争分夺秒，在选定的地点——三面环山的海湾登陆，开始建立驻扎营地，并卸下450吨的建站物资。

12月31日，长城站正式开工动土。然而天公不作美，当时南极暴风雪肆虐这座湾岛。海面上掀起几米的高恶浪，冲击着海岸上堆积的建站物资。为抢救这些千里迢迢运送的物资，队员们顶着暴风雪、冒着生命危险，一次次地跑到海岸抢回被恶浪卷走的木头和钢筋。

海湾的风浪极大，修建码头相当困难，建成后又被冲毁。但这并没有影响队员们建设长城站的决心。在建设长城站的日日夜夜里，队员们无不以坚韧、刚毅的精神一次次战胜苦难、战胜劳累，完成建设长城站的工作。在这恶浪狂风之中，除队员们疲累的喘息和调侃时的欢笑，没有抱怨、低落的呻吟。考察队高喊着“建站第一”、“一切为建站”的口号，在这三面环山的海湾中久久回响。

在经过25个日夜的艰苦奋战后，中国第一个南极考察站——长城站终

长城考察站

于建设完成。它位于南纬 62°12′59″、西经 58° 57′52″，占地面积约 2.5 平方千米。依丘陵地形，呈台阶型，西高东低建筑而成。它除了两栋各占地 175 平方米的主体建筑外，还有生活、科研、气象、文体、发电、食品库等建筑设备，夏季可容纳 60 人在此考察，冬季也可容纳 20 人越冬考察。设备一应俱全，相当于一座微型的科学城。

1985 年 2 月 15 日，中国南极长城站在乔治王岛落成，国家海洋局副局长钱志宏在典礼大会上，郑重宣布：中国南极长城站已经顺利建成！话音刚落，响起了惊天的锣鼓声和鞭炮声。全体考察队员内心踊跃着兴奋和激动，在他们的注视下，五星红旗在雄壮的义勇军进行曲中徐徐升起，飘扬在南极的天空。

经过多年对长城站不断的扩建和整修，长城站如今已经成为我国在南极的重要科研基地。由于南极与我国相隔甚远，因而制约了对南极的考察和研究。为解决这一问题，我国政府决定再建立一个考察站。

1988 年 11 月 20 日，一艘名为“极地”号的轮船驶离青岛，向南极大陆普里兹湾驶去，开始它的新任务。“极地”号不仅能够承载上万吨的物资，还具有很好的抗冰能力。在通过“西风带”时，它经受住了狂风骇浪的考验，并顺利通过南极的浮冰密集区，找到引航路线。

“极地”号在历经重重险阻后，抵达了普里兹湾。尽管在停泊过程中，它多次遭受了浮冰的袭击，但它还是突出了浮冰的围困，找到了安全的停泊登陆地点并顺利完成登陆。在经过勘测和考察后，考察队在东南极大陆伊丽莎白公主地拉斯曼丘陵的维斯托登半岛上，将南纬 69°22′24″、东经 76°22′40″ 定为考察站的建立位置。这里位于普里兹湾东南沿岸，西南距艾默里冰架和查尔斯王子山脉几百千米，是进行南极海洋和大陆科学考察非常理想的位置。在接下来的 15 天里，考察队员们以雷霆之势成功将物资全部卸载。一个月后，一个占地面积 1654 平方米的建筑耸立而起，以中国民主革命的伟大先驱者孙中山先生的名字命名为“中山站”。

在中山站建立完成后，中山站站长高钦泉带领19名队员在这里越冬考察。从此，南极的天空又多了一面飘扬的五星红旗。

第一个到达北极的中国人

北极距离我国千万里，在这片雪域莽原涉入足迹的第一个中国人，竟是19世纪末“睁眼看世界”的代表人物之一的康有为。

康有为逃至海外，开始了自己16年的游历生活。在此期间，他四渡太平洋，九涉大西洋，八经印度洋，泛舟北冰洋七日，先后游历美国、英国、法国、意大利、加拿大、希腊、埃及、巴西、墨西哥、日本、新加坡、印度等30多个国家和地区。

1904年，康有为前往瑞典旅行，旅行途中康有为偶然遇到了一个小岛，他花了2.8万克朗将其买下。随后又花了大量金钱在小岛上修建了中国式的园林建筑，取名为“北海草堂”。如今这座小岛早已被瑞典收回，但它曾被人称为“康有为岛”。

康有为头像

康有为游历世界期间，最为引人注目的便是他曾前往南极探险。康有为曾在书中写道：“携同壁（康有为的女儿）游那威北冰洋那岌岛夜半观日将下来而忽。”而康有为还特意为此诗写出注解：“时五月二十四日，夜半十一时，泊舟登山，十二时至顶，如日正午。顶有亭，饮三边酒，视日稍低如幕，旋即上升，实不夜也，光景奇绝。”据考证，康有为曾在1908年5月到达位于北纬84°的极斯瓦尔巴德群岛的那岌岛，而诗中所描绘的“实不夜也，光景奇绝”正是极光美景。

中国首次勘测北极大陆

20世纪80年代，随着我国改革开放的进行，中国极地考察事业成功迈出了重要一步。虽然我国跻身极地考察事业较晚，但我国决心要把“落下的时间，补回来”。仅用了两年时间，我国在南极大陆先后建立了长城站和中山站，从南极大陆边缘一步步深入内陆。随着南极考察事业的成功，我国极地考察队已开始着手筹备探索北极的探险事业。

北极位于地球的最北端，它与中国远隔千万里。北极大陆周围被北冰洋、格陵兰岛、冰岛等岛屿环绕，由于此地气候严寒，因此常年被冰雪覆盖。在历史的长河中，人类曾三次大规模地进军北极大陆，不仅考察了北极独特的冰雪文明，对探索极地事业也起到了相当大的作用。北极极地探索科学研究已经有200多年的历史了，而科研结果几乎涉及全部学科领域。在北极极地考察的过程中，我国起步较晚，虽有部分科学家以“留学”方式，参加了极地科研的项目，但我国正式组建北极大陆考察队始于1995年。

1993年3月10日，我国地理学会等7个全国性学会发起北极大陆考察计划，经中国科协批准后，成立了“中国北极科学考察筹备组”。在同年6月24日，孙枢、周秀骥、马宗晋、陈运泰等科学院院士和有关极地专家，在全面论证筹备组提出的《北极科学考察与全球变化断面研究的计划与设想》后，一致同意将其作为我国北极科考的长远规划。这项计划的宗旨是以开展北极与全球变化研究，为我国生存环

中国北极探险队

境的调整提供科学依据。

经过一年多的考察，经有关研究机构和学术团体的反复斟酌，最终决定了首次北极大陆科学考察队的工作内容和执行计划，以围绕全球变化为核心，开展冰雪、海洋、环境、遥感遥测、生物生态等多项研究。

在1995年1月19日—27日，“雪龙号”载着队员在东北松花江冰面上开展封闭模拟训练，检验当时所有预备队员的身心状态及仪器设备的操作情况，之后便以不同的方案编排各项考察小组。此次北极大陆考察是由中国科协主持，中国科学院组织的大型境外科考活动，以政府支持、民间集资方式运作，得到了新闻界、科学界和企业界的大力支持和广泛参与。考察队由25名队员组成，其中有一人来自香港，其余分别来自全国7大部委，涉及18个单位。

1995年3月31日，“雪龙”号承载着考察人员，离开了松花江面，向北极大陆进发。在离境后，“雪龙”号途经美国，赴往加拿大哈德逊湾航行。在行进过程中，队员们开展了负重滑雪和驾狗拉雪橇训练。

4月22日，“雪龙”号顺利抵达加拿大北极群岛孔沃利斯岛上的雷索柳特基地。稍作整顿后，“雪龙”号重新起航，沿西经80°的冰面向北纬88°的北极大陆进军。考察队穿越波弗特海环流区和贯极点洋流带这两大北冰洋的重要系统后，终于在5月6日上午10点55分抵达北极点。

此次考察是我国首次登陆北极大陆进行勘测和探索，考察队员们怀着激动的心情登上了这片冰雪天地，从此北极大陆印有了中国考察队的足迹。在考察期间，考察队共采集各类样品542种，取得观测数据上万组，拍摄典型样点图像上千幅，还收集了大量的文献和电视记录资料。

在开展的雪冰化学研究期间，考察队在亚北极地区，自北纬88°至北极点以10千米间隔等距布设点位，以便进行雪坑观察采样、海冰钻芯以及气象要素观测工作。经过实验分析，初步查明北冰洋表层雪冰中化学元素的组成特征及其环境意义；雪冰中储存的环境信息表明，近年北极地区气温有不断升高的现象等重要信息、资料。

由于此次考察的海域均被浮冰覆盖，传统的海洋学研究只能以站位钻冰实现，在布设5个测站后，考察员开始对海水流向、速度，水样采集等项目进行勘测和采集。初步对北极冰层进行数据分析和特征了解。

考察队还顺利在北冰洋沿岸区，完成了对各自然地理要素的特征调查。他们采集了各类沉积物剖面和树木年轮样品，收集有关观测台站的资料，结合实验室分析，全面认识了该地区的自然环境结构和演变过程。

在北冰洋区域，考察队每日记录气象要素，采集表层冰雪样品，分析人类活动对极地海洋的影响；收集大气气溶胶样品，分析不同地带气溶胶的特征；不同地理单元中重金属元素的组成反映了北极地区环境的变化过程等重要问题。

不久后，考察队顺利回归，这次科考任务圆满完成。此次勘测结果不仅填补了我国自然科学研究地域上的空白，证明中国科学家有能力深入北冰洋腹地开展科考活动，也为我国加入国际北极科学委员会奠定了基础。

北极是近几年才走入中国人视野的。自 1999—2003 年间，我国政府先后两次组织“雪龙”号船前往北极科学考察。在考察队抵达北极大陆，采集了大量数据资料后，才获得了对北极的直接认识。经过几代人的艰苦努力，中国在世界极地考察事务中占有了一席之地。

2004 年 7 月 28 日，在这片冰雪世界，一座属于中国的考察站屹立在这皑皑冰雪之中，这是我国在北极大陆首次建立的北极考察站——中国北极黄河站，这也是继南极长城站、中山站后，我国建立的第三座极地考察站，它标志着我国追上并超越了西方国家对极地的科研技术。

Part 9

沙克尔顿的南极探险

自18世纪以来，人类对探索神秘的南极，可谓是魂牵梦萦。当人类首次发现这片冰雪世界后，新一轮的挑战也随之而生。英国探险家沙克尔顿曾先后4次前往南极探险，虽然他的计划皆以失败告终，但他凭借坚忍不拔的毅力和信守承诺的高尚品格，依然被世人称为“失败的英雄”。

20 世纪英国的首次探险

英国是一个富有冒险精神的国家，在这片土地上养育了一代又一代不惧险阻、敢于冒险和拼搏的探险家、航海者。

1874 的春天，在爱尔兰的市中心基尔代尔郡，降生了一个男孩。男孩的父母高兴极了，他们给他取名为欧内斯特·沙克尔顿。

沙克尔顿生活在一个拥有 10 个兄弟姐妹的欢乐家庭。排行老二的沙克尔顿对兄弟非常友好，幼年的沙克尔顿就懂得要谦让、照顾自己兄弟。他从小就胆大、心细，时常和小伙伴一起到湖畔或是树林探险，日子过得十分快活。

在沙克尔顿10岁的时候，老沙克尔顿带着一家老小举家迁往英国。在伦敦安顿好后，老沙克尔顿决定送他机灵的二儿子到学校上学。11 岁的沙克尔顿第一次体验校园生活，这让他觉得十分有趣。沙克尔顿性格开朗，为人耿直，又机智勇敢，因此在校园里结识了许多朋友。但时间一长，沙克尔顿就厌倦了这样平淡的生活，他喜欢新鲜、有趣的事物。因此，这也注定了他与众不同的人生。老沙克尔顿看到儿子常常闷闷不乐，心里十分担忧。在沙克尔顿 13 岁时，又将他送到达利奇学院上学，希望他能在那里获得快乐。

酷爱探险的沙克尔顿就像被关在笼子里的鸟儿，平淡的生活并不能让他感到乐趣。直到某一天，他在海岸上看到船上的水手。一个疯狂的想法迅速在他的心里生根发芽——他想要征服大海，去过自在的日子。

沙克尔顿跑回到家，他激动地拥抱住他的父亲，随后用响亮的嗓音宣布：“爸爸、妈妈，我决定要到海上去生活！”老沙克尔顿了解自己的孩子，并且相信这是个值得骄傲的决定。于是在他和母亲的帮助、鼓励下，沙克尔顿获得了一个体面的船舱服务员的职位。

1890 年沙克尔顿开始了他的海上生活。船上生活让沙克尔顿觉得幸福极了，他每天除了打扫船舱、清理甲板，其余的时间就是和老船长学习如何驾驶船。沙克尔顿聪明伶俐，很受大家欢迎，因此老船长也很愿意帮助他。就这样，他在海上度过了 4 年的学徒生活，并成为了一名出色的水手。

1898 年，24 岁的沙克尔顿顺利获得了船长执照，此后他便开始从事驾驶商船的工作。就在第二年，他接到皇家地理学会的邀约，希望他能够加入皇家科学团体探险队。沙克尔顿觉得这是一个难得机会，就答应了此次邀请。1900 年的一天，沙克尔顿听说皇家地理学会和另外一个科学团体决定出资组建一个国家南极探险队，这让他十分憧憬此次探险之旅，于是他向皇家地理学会申请加入。

1901 年初，沙克尔顿收到被录取的信函，他被顺利编排到由罗伯特·斯科特领导的南极探险队，这让他兴奋不已。英国政府则为这次探险之旅准备了丰厚的物资和一艘名为“发现”号的巨轮。沙克尔顿对此次旅行满怀激动，在经过几个月训练和学习后，南极探险队做好了充分的准备，整装待发。

1901 年 7 月 23 日，探险队员们乘坐“发现号”向南极之行启程。这次南极探险受到英国政府的重视，因此组织了一支有专业水手、科学家、考察员等共 38 人的庞大队伍。沙克尔顿主要负责协助科学家进行科学实验，这份工作让他对南极有了新的认识。

航行期间，他在工作之余还鼓舞船员士气，在他的号召下，大家都满怀信心和希望。也是在此期间，他根据航行旅程编纂了一份船上出版物——《南极时报》，记录了前往南极的趣事和海上航行的重要资料。

在航行了十几个月后，斯科特探险队终于抵达了南极。船员们眺望着远处冰雪皑皑的高山和丘陵，难以遮掩内心的激动。大家以最快的时间把物资搬运到海岸，并在那里建造了营地。斯科特队长给大家分配了任务，除建造营地外，由他和沙克尔顿、威尔逊训练狗拉雪橇。在1902年11月，罗伯特·斯科特宣布，此次南极探险的人选有沙克尔顿、船上的医生爱德华·威尔逊以及他自己。他们打算走2500千米，到达南极点后返回。

三人均是第一次探险南极，由于经验不足，一路上饱受磨难。但他们凭借着坚定的意志，一次次冲破难关和困境。最让沙克尔顿忧心的就是他们还不能熟练地驾驭雪橇狗。雪橇狗常常拉着他们偏离计划路线，这让探险队花费了大量的时间和体力来调整队伍。

探险的旅程中，暴风雪肆虐。这让毫无经验的三人陷入了困境。40多天的雪地生活，使三人都出现了坏血病的症状，威尔逊还出现了雪盲症，沙克尔顿的情况更糟糕。最后三人在到达距离南极点740千米的地方时，三个人已经没有能力再前进一步了。迫于无奈，探险队只好在那一年的最后一天返回。1903年2月3日，受尽折磨的3人回到船上，开始返航。在回到英国后，斯科特队长将沙克尔顿驱逐出队。他愤愤地认为，这次探险失败的主要原因是沙克尔顿的病。此次南极探险的失败对沙克尔顿的打击很大，在他休养期间，征服南极的念头也越来越强烈。

怀着征服南极的梦想，沙克尔顿开始研习南极的知识以及航海路线，为再次探险南极做准备。这几年的航海生活让他变得更加成熟稳重，在一次出海航行中，他结识一位名叫艾米利·多尔曼的美丽女子。他被多尔曼美丽的外表和优雅的气质深深吸引。他时常走到甲板上，为和多尔曼说上一两句话。多尔曼也被正直、威猛的沙克尔顿所吸引。没过多久，两人坠入爱河。1904年，沙克尔顿向多尔曼求婚，两人组建了幸福家庭。

婚后的沙克尔顿一如既往地对探险充满狂热，他开始筹划进行南极探险的活动。与上次不同的是，沙克尔顿决定自己组织一支南极探险队。

创下最接近南极点的记录

1907 年，沙克尔顿自己组织了一支英国南极探险队。他决定再次前往南极探险并到达南极点，成为首个到达南极点的人。这次行程受到了英国皇室的注意，国王和皇后听闻此消息后，觉得英国能有这样的勇士，是国家的骄傲。于是国王和皇后接见了沙克尔顿，皇后还亲自送给他一面英国国旗，让他插在南极点。

沙克尔顿为再次前往南极做了充分的准备。他曾有过南极探险的经验，想到当初和斯科特探险时，使用狗拉雪橇并没有取得成功，于是他决定改用中国东北种的小马来运输。在准备好马驹等大量物资后，沙克尔顿带着他的船员登上了探险船“猎人”号，开始向南极航行。

经过一年的航行后，“猎人”号终于驶达南极海岸。再次踏入南极海岸，让沙克尔顿倍感亲切。他和船员们在南极海岸建起了营地，并把这里变成了一个温暖的家。在 1908 年 11 月 3 日，沙克尔顿和他的 3 个伙伴出发了，他们的目标是南极点。

沙克尔顿探险队能轻松地控制马队，这也让他们的进程比预计的快了许多。经过 23 天的艰苦行进后，他们已经打破了“发现号”探险的纪录。但好景不长，在挺进南极的过程中，由于马驹的马蹄的力量过强，而冰面并不能承受马驹的重量，这让马队一次次陷入掉进冰窟窿的厄运。当最后的 4 匹马驹掉进冰窟窿时，还差点把一个队员也拽下去。失去了运输工具，这也意味着他们失去了抵达南极点的机会。

在恶劣的天气面前，人类做什么都是徒劳。沙克尔顿探险队又艰

沙克尔顿在南极

难的前进了一个月，向南极作最后的冲刺。在 1909 年 1 月 9 日，他们抵达了南纬 88°23′ 的地方，这里距离南极点只有 156 千米了。但是失去了交通工具的探险队，仅凭人力根本不能到达南极。此时探险队的补给品已经所剩不多，所有人都筋疲力尽地躺倒在雪地之中，如果再向前挺进，恐怕大家只会有去无回。

沙克尔顿遗憾地望着远方白茫茫的原野，最终下达了返程的命令。在回程之前，沙克尔顿将皇后给的英国国旗插在了这里。随后大家拖着疲累的身体开始了回程之旅。

沙克尔顿探险队储备的食物已经不多，为了不饿死在路上，他们必须日夜兼程地往回走。然而回程的旅程并不顺利。肆无忌惮的暴风雪袭击着他们，阻碍了探险队回程的进度。在行走了一半的路程后，4 个人的手脚都遭到严重的冻伤，这让他们举步维艰。在走到一个储备丰富的补给站后，沙克尔顿决定，先让两个身患顽疾的伙伴在这里休息，自己和另一个身体强壮的伙伴先赶回到营地，以防止船等不及他们而返航。

一路上，沙克尔顿和伙伴互相鼓励，忍受着狂风暴雪的折磨，最终两人在“猎人”号返航前赶到了。刚上船，沙克尔顿顾不上休息，连忙带领一支救援队前去接人。经过两天的苦难折磨，沙克尔顿带着两个掉队伙伴回到了船上。随后“猎人”号驶离南极海岸，开始返航。

回到英国后，沙克尔顿前去皇宫觐见国王，向国王请罪自己未能到达南极点，但他们成功创造了最接近南极点的记录。国王听到后十分高兴，立刻授予他爵士称号作为嘉奖，他被大家视为探险南极的英雄。此消息一经传出，沙克尔顿就收到了各个国家的邀请函，他们希望沙克尔顿能够来自己的国家发表演讲。沙克尔顿曾在意大利、德国、俄国、美国和加拿大等国巡回演讲，讲述此次探险的经历，以及有关南极点的考察资料。但由于语言不通，他经常请人把演说稿翻译成当地语言，再念给大家听，尽管口音不标准，但他仍然受到了很多人的欢迎。

当有人问到他没有到达南极点的原因时，他也会调侃着说：“虽然很遗憾，但活着的毛驴总好过死去的狮子。”

除了到各国演讲南极经历，沙克尔顿还为第三次南极探险做准备。他渴望摘得到达南极点第一人的桂冠。然而在1911年底和1912年初，挪威探险家罗阿德·阿蒙森和英国探险家斯科特先后摘得了这顶桂冠。1911年阿蒙森抵达南极点，这也是人类首次抵达南极点。沙克尔顿虽然遗憾自己与此荣耀失之交臂，但依然给阿蒙森发送了一封电报，上面写着：“由衷地祝贺你，取得人类的伟大成就。”同时，他决定制定新的探险计划，使世界为之震惊。

1913年，沙克尔顿开始书写新的探险计划书，他此次的计划是：从威德尔海的菲尔希内尔冰架上岸，经过极点、罗斯冰架入海，横穿整个南极大陆。沙克尔顿想以这一宏伟计划，雪洗英国被挪威人夺取桂冠的耻辱。这项计划也得到了英国皇室的大力支持。

当阿蒙森听说沙克尔顿的探险计划后，发给沙克尔顿一封电报，内容是：“我相信你的计划一定会取得成功，你能够做到你想做的事情。你的壮举将会为勇敢而富有进取心的英国探险家们赢得华丽的皇冠，并在上面填上一颗璀璨的宝石。”在阿蒙森的鼓励下，沙克尔顿拉开了此次探险历程的序幕。

“持久号”的伟大壮举

1914年初，南极探险家沙克尔顿在伦敦发布了一条招聘启事：

此次招聘男性水手参与非常危险的旅程，赴往南极探险。人员薪酬微薄，需在极其苦寒、危机重重且不见天日的极地工作，不能保证安全返航。如果行动成功，唯一可获得的仅有荣誉。

——沙克尔顿

沙克尔顿原本担忧此次探险人手不足，但出人意料的是，短短几天内报名人员竟达5000余人。作为此次行动的领袖，沙克尔顿在经过认真、严格的挑选后，在报名人员中挑选出27名水手，作为此次探险队的成员。为保证探险队能够成功完成任务，沙克尔顿特地与全体成员开展了5个月的集训和准备工作，以确保所有人员快速适应极地生活。

除此之外，沙克尔顿还做好了充分的准备工作。他不仅筹到了一笔不菲的资金，还招募了一名摄影师并和他建立了深厚的友谊。这位摄影师表示愿意将在极地拍摄照片所获得的利益，与沙克尔顿以股份方式分享。不仅如此，沙克尔顿还和媒体建立了良好的关系，他们将沙克尔顿的此次探险活动在各个报刊大量发行以作宣传，同时也是在为计划筹集资金。在筹集了足够的资金后，沙克尔顿决定打造一艘与斯科特的“发现”号一样规模的船。不同的是，他的船除了一应设备外，还为摄影师准备了暗房，以及囤放物资仓库。

终于他在挪威的一家轮船制造厂找到了理想的船，更难得的是这艘船不仅符合他的所有要求，而且价格也相当实惠。这艘船号称“北极星”号，是一艘重达 300 吨，专为出航极地设计的木船。于是沙克尔顿花下重金将这艘船买了下来。他还根据自己家族的座右铭“坚持就是胜利”，将此次探险的船命名为“持久”号。这艘船将完成穿越威德尔海的重任。由于他的计划分为两部分，为了完成罗斯海探险的航程，他花下大量资金买下了一艘名叫“极光”号的旧船。这艘船曾属于澳大利亚的探险家并跟随其前往过南极探险。

在准备好船队后，沙克尔顿还准备了丰富的物资，其中包括食物、服装、药品、帐篷以及交通工具等。曾有南极探险经历的沙克尔顿深知南极的恶劣天气会给人体带来多大的影响。因此，他对于食物的营养问题十分在意。除此之外，沙克尔顿对装备及服装也有着严格的标准。他花下重金购买了防风、御寒的服装、睡袋及帐篷，为此次航行做好了充分的准备。 此次宏伟的探险计划也将拉开帷幕。

1914 年 8 月 1 日，负责接应的“极光”号启程开往罗斯海域。随后，沙克尔顿与其余 27 名精英也登上“持久”号，从南乔治亚岛驶出，向威德尔海方向进发。在 1915 年 1 月，“持久”号驶达南极海岸附近，正当船靠近海岸的时候，海面的浮冰如同汹涌的猛兽，将“持久”号层层围住动弹不得。面对如此险峻的局面，沙克尔顿从容不迫地下达全速前进的指令。他本想借助水流的速度冲开海面的浮冰，然而令他没想到的是，一座巨大冰山正快速朝他们袭来。沙克尔顿惊慌地控制船体掉头向东行驶，这才躲过了一场危机。但不幸的是，船体周围已经没有水路，“持久”号完全被浮冰冻结，失去了行动能力。

到了 1915 年 1 月份，他们漂移到南纬 76°34′ 的位置。此地距离大陆冰架只有 20 多千米。沙克尔顿计划从这里穿过冰面，再爬过陡峭的斜坡，随后就可以乘狗拉雪橇向内地前进了。

但 2 月 15 日发生的一件事打破了沙克尔顿的计划。这天“持久”号被一块巨大的浮冰拥簇着，缓缓向北方漂移。没过多久，闪耀着银光的大陆冰架就消失在他们眼前。为了制止船体继续随冰漂流，沙克尔顿只好带着船员凿冰开路，试图解救“持久”号。他们辛苦忙碌了一天，冰层好不容易有所减少，可就在一夜之后，海面又恢复了原来的样子。最后他们只好任船随冰雪漂流，在船上度过了南极长达数月的漫漫寒冬。

经过 10 个月的漂流，沙克尔顿等人迎来了南极的盛夏。这片黑暗的海平线的上空，渐渐镀上了一层金辉，照亮了整片天空。销声匿迹半年之久的海豹、企鹅，从寒冷的冰块缝隙中爬了出来，享受着这短暂的盛夏时光。

“持久”号在被禁锢一个严冬后，终于迎来了重获自由的日子。在 10 月份的一天下午，禁锢着“持久”号的巨大浮冰“咔嚓”裂成了两半，海上的航道顿时出现在眼前。这让船员们兴奋不已，随着沙克尔顿的一声高喊，“持久”号再次扬起风帆，准备起航。然而，天有不测风云。蔚蓝的天空突然被层层乌云覆盖，海面上席卷着猛烈的寒风。在风暴的作用下，船底的暗流也越发猖獗。在风暴的推动下，船体两侧的巨大冰墙撞击着“持久”号，使船体不时发出惊心动魄的轧轧声。就连船身的角度也不受控制的沉浮。“持久”号早在被冰冻期间，就已被浮冰的撞击削弱了船体的质量。而此时的狂风与浮冰的冲击，更是击毁了船体的承受力。“持久”号随时都有可能发生沉船的危险。

沙克尔顿虽然了解这件事的严重性，但他对“持久”号耗费了大量的心血，实在不忍心就此将船遗弃。船员们在船上煎熬度过了十几天的日子。10 月 24 日，浮冰在风浪的催化下，肆意撞击着“持久”号，海面上的流冰也朝着船头和船尾汹涌袭来。在这最后的沉重一击下，“持久”号终于不敌风浪，它的龙骨被压力压弯，船舱开始涌入大量海水。就在这最后时刻，沙克尔顿命令船员们弃船。当晚，沙克尔顿只好带领着船员躲避到结实的浮冰上安营扎寨。第二天清晨，船员们看到“持久”号已有一半的船体被海水淹没，大家赶忙跑回到船上抢救下一些物资和3艘小木艇。随队摄影师赫黎曾冒险潜入困陷冰海的木船上，抢救回一些珍贵的底片。“持久”号在顽强地挣扎了几个小时后，还是没有逃脱分崩离析的厄运。汹涌的流冰把船体撞得四分五裂，最后沉没在一片汪洋大海之中。

南极冰天雪地

“持久”号的沉没给沙克尔顿带来了沉重的打击。虽然他们抢救下了3艘木艇，但这种救生艇没有办法在海面长久航行。如果他们没有船，即使探险队能成功徒步到达浮冰边缘，也毫无逃脱的希望。为了生存，沙克尔顿只好和船员们捕获海豹、企鹅充饥。晚上众人也只能挤在为数不多的帐篷里休息。沙克尔顿和他的船员们就这样在冰天雪地中风餐露宿了 100 多天。在这艰苦的百余天中，为了鼓舞船员的斗志，沙克尔顿在同样身心俱疲的状态下，仍然谈笑风生，有时还会带领船员们高歌起舞，以表示他们无所畏惧、强大的内心。

随着气温的逐渐回升，探险队又面临着一个严峻的考验。浮冰很有可能碎裂，失去了浮冰的支撑，大海随时可能吞噬他们的生命。在如此困境下，作为领袖的沙克尔顿，必须要为他的船员想到解决办法。在经过深思熟虑后，沙克尔顿决定立即向 600 千米外的坡雷岛进发。那里有 1902 年瑞典探险家避难时搭建的小木屋，而且里面还储备了大量的食物。尤为重要的是，那片海域是距离他们最近且过往船只较多的地方，比较容易回到英国。为解决燃眉之急，在 10 月 30 日这天，探险队员们开始徒步出发了。

探险队仅剩下 4 副雪橇，于是由沙克尔顿和其余 3 名身强体壮的水手在前面滑雪橇开路，其余人则跟在后面步行。前方的道路崎岖险阻，因此他们前进得并不顺利。再加上为了准备充足的食物，他们就不得不随时准备就地扎营，捕获一些海豹或企鹅作为食物。在准备好充裕的食物后，再继续前进。

在经过一段时间的行进后，此时沙克尔顿探险队距离颇雷岛仅剩 100 千米距离了。要想抵达坡雷岛，探险队员们还需要渡过一个海湾。这时沙克尔顿决定乘坐浮冰，顺着水向漂流到坡雷岛岸，按照正常水流的速度，至多一个星期探险队就可以抵达坡雷岛了。然而就当他们开始漂流计划时，浮冰竟然开始出现裂痕、融化的趋势。

险象环生的救援之旅

当探险队员漂流到北面的开放水域后，沙克尔顿等人立即使用弃船时抢救下 3 艘木艇。这时候，沙克尔顿号召大家将木艇用人力拉到海面，他们靠着惊人的毅力和耐力，将三艘木艇顺利安放到海面上。就在最后一名队员爬上小艇之后，巨大的浮冰发出“咔”的一声闷响，碎裂而散了。此时，他们距离坡雷岛已越来越远。在沙克尔顿的带领下，船员们划着木艇准备向象岛进发。经过两天两夜，在寒风和冻伤的轮番折磨下，沙克尔顿带领着船员们挣扎着在象岛靠岸。这是自出航以来，船员们第一次站在陆地上，这让他们狂喜不已。然而接下来的一切，马上就消磨了他们所有的斗志。在这座狭小的岛屿上，除了被冰雪覆盖的岩石，再无任何其他的东西。原来这里是一座荒无人烟的荒岛。

沙克尔顿强打起精神，号召大家在此地安营扎寨，并开始对象岛进行勘测。经过两天的勘察，他发现这里除了狂风和冰雪，几乎一无所有。这里的积雪深厚，让人寸步难行，如果一直待在这儿，大家恐怕只有死路一条。

沙克尔顿看着身心俱疲的船员们陷入绝望的情绪，内心十分煎熬。于是他决定放手搏一搏，他决定带着几个身强体健的船员，寻找自救之路——前往南乔治亚岛，到那里的捕鲸站寻求救援。想好计划后，沙克尔顿当机立断选出了 4 名身强体壮的船员，和他一起前去求助。

在出发之前，沙克尔顿偷偷写下一张纸条，交给一位船员保管。他与船员们约定，20 天后如果他没有回来救他们，他们再打开纸条。沙克尔顿在那张纸条上写着：“我一定会回来救你们的，如果我没有如约回来，那我一定是遭遇了不测。”

就这样，沙克尔顿带领着 4 名强壮的船员，开始向南乔治亚岛前进。他们乘坐着“詹姆斯·凯尔德”号救生艇，准备完成一项几乎不可能完成的自救行动。一路上天昏地暗、狂风怒吼，海面上掀起巨大骇浪，好几次差点将“詹姆斯·凯尔德”号掀翻吞没。沙克尔顿想到肩负着 27 名船员性命的重托，此时任何困境都不能阻碍他的脚步。

南乔治亚岛

他们5个人就在这狂风巨浪中航行了16天，终于有惊无险地到了距离南乔治亚岛东岸130千米的地方。沙克尔顿意识到他们必须马上登陆。因为救生船上储备的食物和水已经所剩无几了。此时海风狂啸，一个浪头有几米高，在这样恶劣的天气下，“詹姆斯·凯尔德”号根本无法靠岸。此时船员们口渴难耐，于是沙克尔顿决定绕到小岛人迹罕至的西岸，在那里登陆。

出人意料的是，第二天海上的风浪更加猛烈，“詹姆斯·凯尔德”号被吹得摇摇晃晃，几乎就要翻船了。风暴和骇浪阻挠着沙克尔顿和他的船员，在他们的几次尝试后，“詹姆斯·凯尔德”号终于驶入了南乔治亚岛的小海湾内。

下了小船后，他们第一次见到了植物。在听到清澈的流水后，沙克尔顿和船员赶忙跑到流水的地方，俯下身子大口地喝着那纯净而甘甜的水，仿佛顷刻之间重获新生。虽然此时他们完成了一项不可能完成的任务，但要找到一艘救援船，带回被困在象岛上的23名“持久”号队员，还有很长一段路要走。

沙克尔顿原本计划在西岸稍作休整后，再驾驶小船前往目的地。但眼下风暴肆虐，沙克尔顿为尽快到达捕鲸站，决定冒险徒步穿越南乔治亚到达捕鲸站。虽然这段路程只有47千米，但岛内却有多座高达3000米的山峰和冰川，而且以前从未有人穿越过这座小岛。

沙克尔顿想到船员们还在受苦受难，为了节省时间，他只在南乔治亚地图上画出了海岸线，也没有标注任何标记。他和其他两名身体强壮的船员带上3天的粮食、2个罗盘、一副望远镜和一把开冰斧，开始前往目的地。另外两名身体较弱的船员则在船上休整。1916年5月19日早晨，他们开始了艰险的内陆跋涉。积雪十分软绵，每当行走一步，他们的脚下就会出现一个深坑，寒冷和疲惫为这段行程增添了不小的难度。直到当天傍晚时，他们终于来到了1500米的高山上。此时他们已经攀登了13个小时，完全筋疲力尽，但沙克尔顿感觉，只要他勇敢地向前走，他的船员就能够坚持下去。

夜幕降临，这让他们的视野也受到了限制。气温还在不断下降，在饥寒交迫的状态下，沙克尔顿决定顺着雪面滑下去。他们把绳子盘起来当作简易雪橇，然后抱成一串向山下滑去，只用了几分钟就行走了400多米的路程。随后他们又简单吃了一顿饭，然后继续上路。在经过不停跋涉了24小时后，3人暂时停了下来。此时他们已经看到捕鲸站的标志。其余两名船员早已筋疲力尽，他们两人疲惫极了，躺倒在水里就陷入了沉睡。沙克尔顿始终不敢合眼，他知道，如果他也合眼，他们3人都会被冻死。于是，他看着两个同伴睡了5分钟后，便把他们叫醒，骗他们说已经睡了半个小时，该启程了。

直到黎明时分，他们3人来到一个斜坡前，远远地看到斯特罗姆尼斯湾的轮廓，那里就是他们的目的地，距离只有他们19千米。经过8个小时的艰苦行进后，他们终于到达了捕鲸站的边缘地带。当这3个衣衫褴褛、疲惫不堪、满脸胡渣、浑身酸臭的男人出现在捕鲸站时，让当地的捕鲸者大吃一惊。沙克尔顿赶忙向这些渔民讲述了自己的遭遇，渔民们知道“持久”号在2年前就已经出航南极，本以为他们已经不幸遇难，没想到竟在这里遇到了沙克尔顿的探险队。

当站长听说沙克尔顿等人的遭遇后，立刻将3人请进屋里，并为他们准备了丰盛的菜肴。酒足饭饱后，沙克尔顿和他的队友们开始清洗身上攒了18个月的灰尘和油脂。随后他们回到捕鲸站，希望站长能够借给他们一艘捕鲸船，好救助被困在象岛的伙伴们。站长委婉地拒绝了，但他给沙克尔顿提供了一个消息，在捕鲸站的港口有英国公司的船只停泊在那里。

他被誉为失败的英雄

沙克尔顿赶忙跑到捕鲸站的港口，在那里他找到了属于英国公司的船——“南天”号。港口管理员在听闻他们的经历后，大方地将“南天”号借给了沙克尔顿。在1916年5月23日，沙克尔顿驾驶着“南天”号带着他的同伴离开了南乔治亚的捕鲸站。

他们刚起航就遭遇了严重的浮冰，船只好被迫返航。他们需要一艘更结实的船。沙克尔顿想通过发电站向英国政府求救，然而此时第一次世界大战激战正酣，英国没有船可以执行非军事任务。面临如此严峻的情势，沙克尔顿必须在短时间内找到船去救援他的伙伴。他深知多耽误一天，他的伙伴们在荒无人迹的象岛上就多了一分危险。

正当他踌躇无措的时候，捕鲸站的站长帮他向南美的国家发出电报求救。一个星期后，他们收到了出航以来最值得兴奋的消息。乌拉圭政府无偿为他们提供一支救援队伍和一艘名叫“水产协会 1 号”的船。

经过一个多月的海上航行，沙克尔顿等人接近了象岛，然而此时狂风骤起，“水产协会 1 号”根本无法靠岸。这让救援队不得不返程。紧接着，沙克尔顿开始了他的第 3 次救援之旅，然而由于风浪太大，最后也以失败告终。此时距他离开象岛已经过去 2 个多月了。沙克尔顿非常担忧岛上的伙伴，由于焦急和忧愁，这让他原本乌黑浓密的头发，已经变得花白。他变得紧张甚至有些狂躁，他担忧岛上的伙伴们坚持不到他的救援。8 月 30 日，他驾驶“水产协会 1 号”发起了第 4 次救援。终于在将要到达象岛时，沙克尔顿站在甲板上隐约看到有人影，他焦急地清点人数，直到他确定岛上的 23 名伙伴全部都在时，这才兴奋地大声喊道：“他们都在这，23 个人，一个都不少！”

救援队喜极而泣，他们终于接走了当初象岛剩下的 23 名船员。等待的船员告诉沙克尔顿，他们相信沙克尔顿一定会成功的，他一定会回来接走他们的。如果他失败了，他们也知道沙克尔顿竭尽所能了。

船员的话和沙克尔顿留下的那张未打开的纸条惊人的相似。沙克尔顿对逾期救援他的伙伴们感到十分歉疚，他问船员们为什么不打开那张纸条时，一位船员的回答让他热泪盈眶。他说：“因为我和其他的伙伴直到那时都相信沙克尔顿会成功，他会回来救我们的。”

从 1914 年 8 月 1 日起航，到 1916 年 8 月 30 日救出所有队员，这场被永载史册的航行与绝境逢生的故事共历时两年零一个月。虽然这是一次失败的航行，但沙克尔顿和他的伙伴们顽强斗志和勇气，被世人歌颂至今。

1917 年的春天，沙克尔顿带领着 27 名船顺利回到英国。此时第

第一次世界大战

一次世界大战还在继续，沙克尔顿不惧危难，马不停蹄地赶往前线，为国家而斗争。“一战”结束后，他又将全部精力投入到极地探险的事业中。

1921年9月18日，沙克尔顿开始了他第4次南极探险的旅程。他的目标是环游南极洲以绘制其海岸线图。经过2个多月的航行后，“探索号”停靠在里约热内卢补给物资。此时意外却发生了，沙克尔顿突然心脏病发作。在经过调养之后，他的病情也得到了稳定。医生和伙伴建议他留在医院观察病情，但被沙克尔顿拒绝了，他坚持继续上路。在1922年1月5日凌晨，沙克尔顿的心脏病再次发作，不幸离开了人世。船员们将沙克尔顿病逝的消息告诉了他的妻子艾米丽，艾米丽请求船员们将他丈夫的尸骨埋葬在南乔治亚岛上。她知道南极是他丈夫一生的梦想和追求。

沙克尔顿享年47岁，他的一生中有22年都奉献给了南极探险事业。这虽让他荣获了名誉和地位，却也使他一次次陷入险境。在南极探险中，他曾染上了败血病，在战胜病魔后又开始了他的下次探险旅程。他为南磁极的确定做出了贡献，还绘制了前往南极的航海路线。他多次完成常人不能完成的任务，他曾4次为救伙伴经受了2个多月寒风、海浪的折磨，他凭借坚韧地意志和勇气，克服了一次又一次的困难，冲破一次次困境。他曾4次前往南极探险，但均以失败告终。但他身上自豪而无畏的精神，引领着世人追求自己梦想，不畏前方的险阻。他也被后人称为“失败的英雄”。

Part 10

地球极地何去何从

两个世纪前，地球的两个端点——南极和北极，人类原以为极地是一方乐土，结果却令人大失所望。极地是一个极其严寒、风雪肆虐的不适合人类居住的地方。尽管如此，智慧而勇敢的人类，依然对探索极地满怀热情。近年来，极地的环境与上方臭氧层纷纷遭到破坏，那片冰雪原野，将面临融化的危机。

极地面临融化危机

南极和北极是我们这个星球上最后的一方净土。经地质学家考察发现，南极洲约存在220余种矿物质。人们在南极大陆发现的主要矿物质就有煤、铁、铜、钼、锰、铬、钴、铂、锡、铅、锌、金、银、油、金刚石、云母、绿柱石等50多种。其中，仅在查尔斯王子山脉发现的矿物质就够人类使用200多年。而罗斯海和威德尔海大陆架的石油地层就有3～4千米。据粗略计算，仅仅这两个地域的石油储量就超过500亿桶。

不仅如此，南极的海洋生物资源也极其富饶，其中南极磷虾的储量十分庞大，估测总储量有50亿吨。南极磷虾的蛋白质含量非常之高，而这庞大的储蓄量更是为世界各国丰富了食物来源。

南极冰层平均厚度在1880千米，最厚可达到4000千米以上。尤为令人惊叹的是，南极冰层是依靠自然降雪形成的，是天然的“淡水宝库”。目前，地球正处于淡水极其匮乏的状态，因此这块“天然宝地”就成为了专家学者们的重点目标。

当然，北极资源也极其丰富。北极的矿产资源非常富饶，除铁矿外，还具有大量的铜、镍、钚、贵金属金刚石等丰富资源。而北极与南极最大的不同之处就是，由于北极的土地及其资源分属各国，北极的矿产资源开采并不受限制，因此北极也被称为“世界级大矿”。除了铁矿外，这里还有世界最大的诺里尔斯克矿产基地。

由于南极地理位置极其特殊，在科学研究上有很大的开发价值，因此也被誉为“打开地球神秘大门的钥匙”和“科学研究圣地”。如今，极地已经成为地质学家、天文学家、气象学家等各个专业科学家的“实验圣地”。

实际上，南极和北极地区并不属于任何国家，因此对于国际合作和交流也相对变得易于进行。目前，有许多国际极地研究所正在合作执行探究计划。比如爱斯基摩人计划、南极地域资源勘测计划、海洋生物系统计划、海洋生物种群调查计划、罗斯海和维尔德海冰架地球物理和冰川测量计划、南极冰川研究计划、甘谷钻探计划和南极半岛大地构造计划等。这些国际化合作涵盖了陆地、大气层、平流层等以上空间，水资源、矿物资源及生物机缘等各个领域。

然而近年来，这片严寒的冰雪世界竟出现了回暖现象，更令人震惊的是，极地的冰层正在不断融化，这使人类为之震撼。极地冰川的形成来源于自然降雪的补充，以此保持生态平衡。近几年来，极地气压盛行，西风减少，导致天气干燥，降雪明显减少，以至于那里的冰川甚至出现萎缩现象。原本逶迤叠嶂的冰川随着气候的暖化而逐渐萎缩。放眼眺望，万丈高冰川日益萎缩，银白色冰山也出现黑色斑点，露出岩石的本色。极地的海岸边不再是千丈冰层，甚至在海岸附近，

北冰洋

露出了褐色、湿润的陆地。

靠近地球南端的格陵兰岛和南极洲，已出现加速融化现象，它的融化速度甚至超过高山冰川。这一现象引起了全世界的关注。早在2007年，国际冰川学研究学家就展开了对冰层融化的探索。近几年来，冰川学家一直将研究的注意力集中在“2007年联合国气候报告”中“未来海平面上升和地球冰层融化的速度”。

美国宇航局喷气推进实验室和加州大学欧文分校的科学家艾瑞克·瑞格诺特曾在《地球物理研究通信》发布了一份历时18年研究的报告，这份报告明确指出格陵兰岛和南极洲每年平均增加4750亿吨水到海洋里，而由高山冰川提供的水为4020亿吨，冰盖按照年363亿吨水的融化率加速融化。

如此令人震惊的数据表明极地的回暖现象日益严重，而由于冰雪的融化，将导致冰盖支配海平面的上升。然而更令人震惊的是，由冰盖引起的海平面上升现象已经发生。如果按照当前的趋势发展下去，海平面气候变化很可能要高于联合国专门委员预计的水平。加州大学欧文分校的研究人员伊莎贝拉·维利科格娜，曾与研究小组对冰川融化现象做了18年的研究。经研究发现，格陵兰岛每年失去冰块的速度都比前一年更快，平均达到每年219亿吨。而南极洲测到的年增率为145亿吨。经研究人员预计，如果按照以上比率计算，在未来的40年里，到2050年海面上升的高度总计将达到30.5厘米，其中来自冰盖和高山冰川的分别为15厘米和7.8厘米。

面对如此庞大的数据，人们应尽快找出其融化的主要原因，并对保护极地生态环境做出相应的对策。对于极地的探索和研究始于西方国家，美国和苏联确实作出了卓越的贡献。虽然我国对极地的探究起步较晚，在取得的成就方面与一些西方国家还存在很大差距，但我国对南北极地的探索和研究始终充满热情，并为之努力。

保护南极的必要性

在南极洲这片纯净的冰雪世界中，没有高耸入云的大厦，没有呼啸而过的汽车，没有废弃的旧工厂，没有含有化学成分燃料和肥料，更没有充满恶臭的垃圾和冒着浓烟的厂房。这里是地球上最后一片干净的土地。它洁净得无异于一池清水，在这里触手可得的冰雪可以直接食用，洁白的雪面上不见任何污秽物。它的偏远和恶劣的环境，是它的一层保护衣，这片净洁的土地是上天最后的恩赐。

然而这个晶莹剔透的世界，正在面临暖化的重大危机。随着全球变暖的趋势发展，南极将面临暖化的可能。那瑰丽的自然风光、天然的自然水库，也将随着全球暖化而日益减少，甚至覆盖其 70% 表面的冰川正在面临融化的可能，这将打破整个生态系统的稳定，从而影响整个地球的发展和稳定。因而，保护南极是我们每个人的责任也是每个人的义务。如今，前往南极旅游已成为一种热潮，人类涉足南极的活动持续不减。而这对于脆弱的南极来说，却是它生态平衡的严峻考验，生态环境危机又进一步靠近南极洲。

南极洲不仅有瑰丽的自然风光，同时它还拥有相当丰富的淡水资源、石油资源、矿物质资源、海洋生物资源等。而这些富饶的资源也被各个国家视为“猎物”，他们虎视眈眈地盯着其他国家对南极洲的一举一动。从主权问题上来讲，南极洲不属于任何一个国家。因此在 1955 年 7 月，阿根廷、澳大利亚、比利时、智利、法国、日本、新西兰、挪威、南非、美国、英国和苏联 12 国代表，最终在法国巴黎举行了第一次南极国际会议。各国同意协调南极洲的考察计划，暂时搁置各方提出的领土要求。

1958 年 2 月 5 日，美国总统艾森豪威尔向其他 11 国致函，邀请他们的代表前往华盛顿共同商讨有关南极的问题。在经过 60 多天的谈判后，12国一致认为南极洲不属于任何国家，因此他们签订了《南极条约》，并在1961年6月23日正式生效。《南极条约》的主要意义就在于保护南极洲。《南极条约》制约了各国对于南极洲的开发，以及控制、要求各国对南极洲仅用于和平目的。比如《南极条约》中规定，各国必须和平利用非军事化资源；鼓励南极科学考察中的国际合作等，并将“为了全人类的利益，南极应永远专用于和平目的，不应成为国际纷争的场所与目标”作为《南极条约》的宗旨。

目前，全球变暖状态日益严重，环境保护逐渐成为世界各国和平利用南极的首要任务。因此在《南极条约》的基础上，签订条约国先后提出《保护南极动植物议定措施》、《南极海豹保护公约》、《南极生物资源保护公约》、《南极环境保护议定书》并得到认可。其中《南极环境保护议定书》规定：禁止“侵犯南极自然环境”，严格“控制”其他大陆的来访者，严格禁止向南极海域倾倒废物，以免造成对该水域的污染，以及禁止在南极区开发石油资源和矿产资源。

通过上述的法律条文，我们可以看出南极条约国对南极环境保护相当重视，并且已把保护南极环境和生态系统列为南极条约体系中的基本原则。虽然这些法律条文对保护南极环境以及生态系统起到了积极作用，但这些规定并没完全达到保护南极的效果。比如，南极条约涉及的范

南极洲的风景

围有限，有许多小面积岛屿没有受到条约的保护；对于环境污染也没有面面俱到，仅限制废料处置；船舶污染也没有给予相对的管理措施。虽然《南极条约》已尽量完善保护南极的环境以及生态系统，但还存在根本的问题没有解决。

现有的条约保护措施还不能完全起到保护南极环境的作用，甚至呈现出日渐短绌的迹象。随着社会的进步和发展，人类南极旅行的活动也在日益增加及扩大范围，阻碍了对南极环境及生态系统的保护。为了加强保护环境的力度及效力，有关南极保护条令有待完善。

《南极条约》中虽已明令指出世界各国对于保护南极的态度，但我们身为这个美丽星球的一份子，应当肩负起保护环境的责任。我们不仅要保护这世界上最后的一片净土——南极洲，还要恢复我们生活的城市原本的生态环境。

极地上空出现的臭氧洞

20 世纪下半叶，科学家首次发现南极上空臭氧的浓度竟比往年降低了 40%，导致臭氧层不能够充分阻挡过量的紫外线。在这层保护生物的特殊圈层中，竟然出现了一个巨大的“空洞”，而这将直接威胁南极海洋中浮游植物的生存。

世界气象组织通过对臭氧层的分析和检测，发布了一份骇人听闻的报告。报告中指出，1994 年首次发现臭氧层中臭氧含量大量减少，形成一个臭氧空洞。令人震惊的是，1998 年 9 月，臭氧洞不仅没有修复反而持续扩大，甚至创下多达 2500 万平方千米的历史纪录。然而一切并没有就此停止。在 2008 年，南极臭氧空洞的面积已达到 2700 万平方千米。这相当于 4 个澳大利亚的面积。

面对这样骇人听闻的消息，人们震惊之余开始探索和思考出现这种现象的原因。有科学家认为，臭氧空洞面积较小的主要原因在于气候，而不是因为破坏臭氧层的化学气体排放减少。更多科学家认为，这是氟利昂使用制冷剂及在其他方面的污染结果。氟利昂是由碳、氯、氟组成的，其中它含有的氯离子在释放出来进入大气后，能反复破坏臭氧分子，并使自己保持原状。因此有科学家认为，虽然氟利昂的释放量较为微弱，但也能够破坏臭氧层分子，导致臭氧层出现“空洞”现象。

近年来，对于臭氧层“空洞”问题的研究结果层出不穷，我国的科学家经过研讨后提出，造成“空洞”的原因不仅在于氟利昂的分子作用，而主要是来自太阳风射来的粒子流在地磁场的作用下向地磁两极集中，从而破坏臭氧分子，导致臭氧层“空洞”现象。

但无论结果如何，人类肆无忌惮使用氟利昂终是一种有害行为。早在20世纪70年代，英国的科学家就已发现，在南极大气层中臭氧含量开始逐渐减少。尤其在南极的夏季（9—10月），这种现象更为明显。

美国“云雨7号”卫星曾对臭氧层进一步探测，发现臭氧减少的区域位于南极上空，呈椭圆形。在1985年，“空洞”的面积已与美国整个国土面积相似。通过卫星观测，科学家发现这一切如同天空塌陷了一块似的。而这种现象就是科学家所说的“南极臭氧洞”。

南极臭氧洞的发现让人们陷入惶恐，它的出现意味着地球的保护层——臭氧层，正处于危机之中。科学家们立即在南极成立了研究中心，进一步对臭氧洞现象进行研究和勘测。在1989年，科学家们前赴北极考察，竟意外发现北极的臭氧层也出现了塌陷现象，虽然较比南极要轻一些，但破坏面积不容小觑。

臭氧层位于地球外部，它的主要作用是保护地球上的生命界，以及调节地球的气候。如今臭氧层竟然接连遭到严重破坏，这也让人类处于惶恐不安和危机当中。近些年来，由于人类工业制造越发肆无忌惮，这使大量氯氟烃等进入平流层，使臭氧层遭到破坏，导致南、北极上空出现“臭氧空洞”现象。

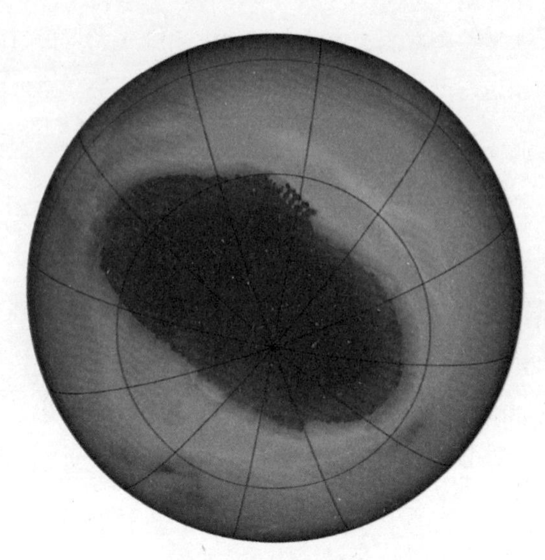

南极上方臭氧层破洞图

2011年，根据卫星气象中心监测数据显示，北极上空的臭氧值明显降低，经过预测、分析，科学家认为北极上空虽未形成“南极臭氧洞”，但由于北极人口比南极人口密集，因此臭氧层的大量减少，导致不能防止紫外线辐射，这对北极人类的健康危害更大。科学家认为北极上空的臭氧大量减少，主要是因为春季极寒冷的极涡内生成了极地平流层云，后在紫外线的作用下释放出破坏臭氧的卤素原子，从而破坏北极上空的臭氧层。

德国物理学家马库斯·雷克斯根据对北极臭氧层的数据分析得出，北极冬季的臭氧浓度下降要比平时更为严重。经勘测，北极第一个臭氧洞已经形成，并以惊人的速度扩散。它最大时候的面积相当于5个德国的国土面积。按照这样的趋势发展，北极生活的人类患皮肤癌的风险将大大提高。并有专家指出，目前纽约的上空也出现了臭氧减少的情况。

对于极地上空为何出现臭氧洞现象，我们尚且不能下结论，这需要科学家花费大量时间进行详细的研究。1995 年 1 月 23 日，联合国提议将每年的 9 月 16 日定为“国际保护臭氧层日”。这是为了纪念 1987 年 9 月 16 日签署的《关于消耗臭氧层物质的蒙特利尔议定书》。1985 年，科学家发现“南极臭氧洞”现象后，当时呼吁全世界人民保护臭氧层，这个消息的传出得到了广大民众的响应。

全球变暖威胁两极

近几年来，全球变暖的话题始终是人们的焦点。而它最明显的表现在于，原本以严寒著称的南极和北极竟然热起来了。由于臭氧层遭到破坏，使南极和北极上空的“保护层”逐渐减弱，甚至出现塌陷现象，这使“保护层”不能够充分、全范围的阻挡太阳紫外线的辐射，导致南北极气温回升、气候变化，使部分冰川和冰层面临“火光”的考验，使南北极冰川出现融化的现象。科学家研究发现，比起 150 年前，极地冰川已经融化了许多。在近 100 年里，全球的平均气温增长了 0.8 摄氏度。科学家经过电脑数据操作，预算出到 21 世纪末，全球平均气温将会增长 1.1 ~ 6.4 摄氏度。这一现象的发生，不仅严重影响了南北极的气候变化，对极地生存的生物也带来严重威胁。

如果按照全球平均气温增长 1.1 ~ 6.4 摄氏度的预测，截止到 2050 年，不仅是极地，乃至全球将会有将近十分之三的动植物面临灭绝的威胁。动植物会因环境、气候的变化而无法适应，在不适合生存的环境中，最终只能面临灭绝的危险。

如今南北极气候变暖的现象尤为严重，生活在北极的白狐就面临着严重的生存问题。白狐主要生活在北极地区，由于它们全身雪白，因此被世人称为白狐。白狐拥有非常浓厚的毛，因此它们能够在零下五十摄氏度的冰原上生存。它们主要靠捕捉鱼、鸟为生。但随着北极暖化，使白狐的生存、繁衍受到了严重的威胁。由于它们常年经受严冬的侵袭，具有很强的耐寒能力，从而不适合生活在较为温暖的环境中。而且北极的暖化，对其他生物的生存也将造成巨大的影响。海水的增长对动物捕猎也存在相当大的问题，这会导致部分动物因食物链的缺失而面临死亡的危机。

全球变暖问题不仅会使陆地荒漠化，也会因冰川的融化导致海平面上升，威胁到人类的栖息地。如今，全球淡水资源相当匮乏，而作为“淡水宝库”极地，因全球变暖已有不少冰层开始融化。这对匮乏的淡水资源而言也是相当致命的。

随着温度的增高，加之南北极臭氧层洞的扩大，使南北极地处于相当危险的状态。南北两极的陆地和山石，皆被冰雪覆盖，极地甚至不乏有许多高耸的冰川，但在气候热化的情况下，不少冰山上的积雪

冰山融化图

悄然融化，露出黑色的岩石。而常年累计的冰川也一点点融化，走向萎缩趋势。极地冰原的融化不仅使海平线增长，长此以往，海洋淹没陆地也并非没有可能。而事态最严重的走向，就是南北极的融化，它们将面临消失的可能。

科学家已测量出近年来格陵兰岛冰盖融化带来的影响，它使科罗拉多河的流量增加了 6 倍。科学家预测，未来格陵兰岛和南极的冰架如果继续融化，到 2100 年，海平面将比现在高出 6 米。这意味着，印尼的热带岛屿和低洼地区以及迈阿密、纽约市的曼哈顿和孟加拉国将要面临被淹没的危险。

全球变暖并不是一个快速进行的过程，它是由于二氧化碳和甲烷等温室气体在大气层中常年累计，才造成的暖化结果。有科学家得出印证，古代农业活动曾使世界避免进入新冰川期。这说明人类活动引起全球气候变暖可能持续了数千年。砍倒大树并非瞬间，但长年累月的积累，总能将大树伐倒。

有不少人对全球变暖的危害提出质疑，更多的人则在探索发生全球变暖这一现象的真正原因。事实证明，近几年来，世界各地均出现全球变暖的现象。比如，2003 年夏季，我国台湾、上海、杭州、武汉、福州都突破了当地高温纪录，而浙江省更是屡破高温纪录。同年，英国伦敦、巴黎南部、德国均打破了百年最高气温纪录。有科学家预测，到 2100 年，全球气候变暖会导致海平面上升 127 厘米。而这时，美国约 1400 个城市将面临被淹没的威胁。可见全球变暖的严重威胁并非空穴来风。

人类对于全球变暖现象并非今天才密切关注。从1961—2003年间，科学家对海平面的上升情况始终处于密切关注状态，并得出全球海平面上升的平均速度是每年 1.3 ~ 2.3 毫米的结论。探测期间，海平面并非处于单纯的升高，而是呈不规则升降情势。

自1993年以来，人类就以卫星对海平面上升情况进行更加全面的数据测量。截止到2003年期间，全球海平面上升速度是每年2.4～3.8毫米，速度明显比此前加快。但还不能确定此上升趋势是短期变化还是长期变化。

据科学家论述，如今全球变暖的主要原因是人口的剧增。这严重影响了自然生态环境的平衡。除此之外，环境污染的日趋严重对生态环境也带来了严重的影响。这使海洋生态环境遭到恶化、土地遭到破坏，导致酸雨危害等多种恶劣后果。

经过数据收集，人类已经把1500万吨以上的氯氟烃排放到大气中。进入大气中的氯氟烃，只有一部分参与臭氧层破坏作用，大部分还在大气中游荡，因而，虽然现在很多地方已停止生产和使用氯氟烃，臭氧层仍然会继续遭到破坏。除氯氟烃外，工业废气、汽车和飞机的尾气、核爆炸产物、氨肥的分解物，皆含有氮氧化物、一氧化碳、甲烷等几十种化学物质，都是破坏臭氧层的因素，这也是导致全球变暖、威胁冰山融化的重要原因。

有机化合物跨区污染极地

地球的两个端点——南极和北极，曾被人类以为是“幸福之岛”，人们认为那里一定有取之不尽的宝藏，是个土地肥沃、鸟语花香、四季如春、人口众多的极乐世界。因此自18世纪中叶以来，不

北极苔藓

少探险家、航海家对这方“乐土”，不惜牺牲生命前去寻找。探险家们历经千辛万苦，穿越百般险阻，终于发现了这个幻想中的美妙世界。然而结果却令人大失所望。极地苦寒无比、冰封千里、风雪肆虐、四季无花，甚至不适合人类生存。

人类并没有放弃对这个冰雪世界的探索和考察。在150年前，第一座南极考察站耸立而起，接下来的几年里，一座座考察站如雨后春笋般破土而出。人类对这个充满神秘和传奇色彩的冰雪世界进行了勘测和考察。

此后，有越来越多的人类登上这片神秘的领域。不仅是各国考察站的工作人员，许多游客也因极地的瑰丽景色，千里迢迢赶来一睹它的风采。人们看到这片大地被冰雪覆盖、天边与地面连成一色，银色的大陆在阳光的折射下闪耀着光彩，这使人类赋予这片大地“人类最后的净土”的美誉。然而事实并非如此。尽管这里终年白雪覆盖，人迹罕至，但众多持久性有毒污染物早已在极地“扎根”。

经我国科学院生态环境研究中心研究表明，现如今已在南极、北极发现氯联苯、多溴联苯醚等多种持久性有毒污染物，这些有毒物质不仅在南北极地，在珠穆朗玛峰地区也存在大量持续性有毒污染物。

极地距离人类生活地域十分偏远，因此一般的污染物很难到达。但多氯联苯、多溴联苯醚、有机汞这样的持久性有毒污染物，对极地造成重大威胁也并非可能。科学家印证，持久性有毒污染物容易往低温的环境聚集。因此南、北极地也就成为了持续性有毒污染物的聚集重点。除此之外，科学家还对北冰洋、南大洋的各种海洋生物进行了检测，从中均检测出了不同程度的多氯联苯和多溴联苯醚，且污染物在海洋生物体内的分布，明显呈现生物富集和放大的规律。除此之外，北极成长的苔藓、北极草、韧草，也被检测出含有多种持久性有机污染物成分。

科学家经过研究发现，这些持久性有毒污染物是在世界其他地方产生后，以大气层和季风为媒介，逐步传输到极地地区的。科学家将这种现象称为“冷凝结效应”。此外，洋流活动以及动物迁徙，也可将污染物带入极地地区。这种传播现象很难控制或改变。

这些持续性有毒化合物不仅很难消除和降解，而且在食物链中容易呈现聚集和放大效应。比如这种化合物在水中的含量很低，但鱼类或人类在食用过后，体内的含量则会高出很多。另外，这种污染物的毒性和传播性都非常强，它能够给生物带来致癌、致畸和致突等具备环境影响的因素。因此，为保护极地和地球的生物，我们必须想出解决这一问题的办法。

2001 年，联合国环境规划署在《斯德哥尔摩公约》中规定持久性有机污染物有 12 类，但后来逐年增加，至今已有 23 类。尽管这些持久性有毒污染物在我国和世界其他地区都被严令禁止，但曾经造成的污染和生态环境的破坏，在短时间内还没有办法根除。

科学家经研究发现，极地的持久性有机污染物不仅没有得到控制，甚至有逐渐增多的趋势。科学家对极地的土壤、苔藓和极地生物都进行了取样检测，并在样品中发现均含有持久性毒污染物。由于极地及海域深部的生物样本难以采集，尚且还没进行收集分析。

为解决这一重大环境污染问题，科学家们已经展开调查和实验。环境化学科学家曾在此方面研发出有效的控制方法：在垃圾燃烧的过程中，加入阻滞剂，这能够有效降低二恶英类的产生。虽然科学家已提出有效的解决方法，但此法并不适用于所有垃圾处理。因此，在利用化学物质来降低持久性有机污染物污染含量方面，还没有得到有效的进展。

有科学家指出，如今某些被广泛使用的化学品，对生态环境确实存在潜在危害，但目前还没有找到可代替技术，因此一些特殊用途的化学品还不能加以禁止。比如，灭火剂中含有大量的氟表面活性剂，虽毒性很大，但能够有效抑制火情。

持续性有毒化合物已经严重危害到人类的生活环境，而南北极地也不再是地球上的最后一方净土。如今，环境污染问题已越发严峻，解决环境污染已成为重中之重。要想尽量减少持续性有机化合物的聚集，主要还是控制生产和使用有机污染的产品。不过，经过科学家不断地努力和研究，目前已研发出有效消除污染物的方法，并且科学家还在不断探索、研发代替产品和技术。

自 20 世纪以来，人类已经初步征服了南北极地，在探索极地的同时，我们也意识到要对这瑰丽的冰雪世界给予保护。人类的涉足不能成为对这个冰雪世界的伤害，为此作为始作俑者的人类，已及时认识到自己的错误，并竭力想出补救方法，减少对生态的侵扰。我们不仅要保护生态环境，还要归还世界的最后一方净土！

过度捕捞引发的生态灾难

自 20 世纪 90 年代，人类过度捕捞现象越发严重，这让渔业也走到了生态灾难的边缘，千千万万的渔民面临着生存难题。在巴塞罗那的布克利亚的早市，堆成小山的鱼随处可见，在幽暗的巷子里，甚至摆着泛着红光的鲸鱼鳍和须，这吸引了不少游客和购买者的目光。

据统计，现代渔业捕获的海洋生物已经大大超过了生态系统能够平衡弥补的数量，这直接导致整个海洋系统出现退化现象。过度的捕捞，使一些鱼类种群不能够繁殖、补充，甚至有些海洋生物已经站在灭绝的边缘。

1992 年，加拿大纽芬兰岛的渔业近乎崩溃，渔民每年在整个捕鱼季，竟然都捕获不到一条鳕鱼。这使很多渔民家庭陷入了困境，有近

4万渔民被迫失业，导致整个地区的经济走向衰败，作为鳕鱼资源最丰富的该渔场已成为历史。然而这一切的始作俑者，正是人类自己。

人类除了对海洋生物过度捕捞，甚至不加选择地进行杀害。现代渔业已今非昔比，当今渔业具有很强的专业性，渔民往往针对一两个“目标”进行捕捉，而它附近的其他生物在被一起打捞上岸后，命运往往更加悲惨。这些被捕获的无辜生命，大多会在渔民分拣过程中陆续死亡。渔民捕捞最常见的方法，就是在撒下渔网后，将海底一定大小尺寸范围内的生物一网打尽。而渔民捕获的猎物在捕捞所获中不超过20%，这对海洋生态系统的损害非常大。国外一位海洋生物学家曾说：“大鱼，包括剑鱼和鲶鱼，正面临灭绝的危险。如果对过度捕捞不加以制止，不久的将来，海洋将会变成一个充满浮游生物的垃圾场。”

1942年，加拿大政府宣布，此后每年捕杀海豹数量1.5万头。当时，在加拿大芬兰省附近的大西洋海域内生活的海豹不足500万头。在进入21世纪以后，海豹皮市场需求增大，加拿大捕杀海报的数量也大幅度增加。仅2004—2006年间，加拿大就猎杀了将近100万头海豹。换而言之，每出生3头海豹，就会有1头遭到猎杀。

菲律宾南部的棉兰老岛，曾被誉为“金枪鱼之都”，但因过度捕捞，使金枪鱼数量锐减30%。如今，渔民捕捞的金枪鱼不仅数量大大减少，且鱼的体积也越来越小。亚丁湾渔场的渔民曾因过度捕捞，为当地渔民带来毁灭性的打击。海湾的鱼不仅大量减少，甚至促成当地海盗泛滥。

不仅国外存在过度捕捞现象，我国过度捕捞现象也不少见。大黄鱼、小黄鱼本是餐桌上常见的佳肴，它与带鱼、乌贼并称为我国近海的“四大海产”，可见数量繁多。然而，由于我国渔民的过度捕捞，导致大黄鱼、小黄鱼竟面临灭绝的危险。在《中国物种红色名录》中

就将近海的“四大海产”均列为“易危”物种。

《中国海洋资源质量报告》中显示，20 世纪 70 年代，我国近海渔场的传统鱼类已经严重枯竭和衰退，这种情势岌岌可危。目前处于严重衰竭的物种就有：大黄鱼、小黄鱼、带鱼、鳕鱼、黄姑鱼、红娘鱼等，只有经济价值低的中小型鱼类还有捕捞空间。

据 2006 年联合国粮农组织（FAO）调查报告显示，全球已有

52% 的鱼类资源被完全开发，20% 被适度开发，17% 被过度开发，7% 被基本耗尽，1% 正在从耗尽状态中恢复。面对这样惊人的数据，联合国已采取相应的制止措施。在 2010 年，签订《生物多样性公约》的 190 余个缔约国共同决定，在 10 年内对全球十分之一的海洋和近岸海域实施有效管理措施，以防止过度捕捞。

在众多过度捕捞的物种中，最深受迫害的就是鲨鱼。FAO 调查报告中显示，在过去的100年里，有90%的鲨鱼被人类肆意捕杀，而鲨鱼被捕捞的主要原因则是获取鲨鱼的鳍。人类将鲨鱼鳍做成味道鲜美的鱼翅汤，从而获取暴利。但这些被捕捞的鲨鱼，它们被宣判最为悲惨的命运。人类往往将鲨鱼鳍切割下后，再将鲨鱼扔回海洋，失去鱼鳍的鲨鱼最终会因窒息死亡，或是成为其他食肉生物的盘中餐。如今，鲨鱼的数量仍在不断减少，然而保护鲨鱼的行动却一直被搁置。

据研究报告统计，2010年约有9700万头鲨鱼遭到捕杀。这些深海的鲨鱼遭到人类惨绝人寰的攻击，全球海洋内的鲨鱼数量已急剧减少。加拿大的海洋生物学家鲍里斯·沃姆成和加拿大、美国的专家联合撰写了一篇关于过度捕捞鲨鱼的报道，他说："我们需要做一些事情，来保护这些岌岌可危的生命。"

鲨鱼鳍市场需求的增大，是人类捕捞鲨鱼的主要原因。除此之外，鲨鱼的鱼肉、肝脏以及软骨的需求，也是促使人类捕捞鲨鱼的原因。相比于2000年，2010年鲨鱼的捕获量有小幅度下降。这可能与2000年美国、加拿大、欧洲以及澳大利亚将捕捞鲨鱼规定为不合法行为有关，也可能表示鲨鱼数量急剧减少，人类已难以捕捞。

全球大约存在500种鲨鱼，但有三分之一种类的鲨鱼已经灭绝，这与人类过度捕捞行为有着紧密的关系。据研究表明，每年都有6.4% ~ 7.9%的鲨鱼被捕杀。然而鲨鱼生长速度很慢，这使鲨鱼数量急剧减少，有些种类甚至灭绝。